はじめに

経営管理の高度化や安定的な雇用の確保、円滑な経営継承、産業並みの就業条件の整備による就業機会の拡大など「農業」が魅力ある職業となるための基礎的条件が整備されることから農業経営の法人化が進展しています。

今般の農業経営基盤強化促進法等の改正に伴い、令和５年度から「人・農地プラン」が「地域計画」と名称を変えて同法に位置付けられ、全国の市町村で「地域計画」の策定が始まる中で、人手不足の地域では特に「地域内の農業を担う者」として期待される農業法人も増えると考えられます。

本書は農業法人、とくに農業生産法人の設立に向けた実務書として平成11年12月に初版を刊行しました。その後、農地法や農業経営基盤強化促進法等の改正、会社法の施行などに伴い内容を見直し、平成24年８月の新訂「農業法人の設立」刊行後も改訂を重ね、農地所有適格法人の要件と法人形態の選択、会社法人と組合法人の比較、法人の設立手続き、農業法人の税・資金と労務対策などを解説した実務書として関係者に広くご活用頂いてきました。

このほど、法律・税務・労務の専門家、日本農業法人協会、都道府県農業会議担当者などで構成した編集委員会での検討を経て見直した３訂では、農業経営の発展過程と法人化を踏まえた経営理念･経営戦略立案の重要性や経営を発展させている先進２事例、合同会社の設立手続き、農林漁業法人等投資育成制度に基づく投資の活用などを追加したほか、関係する諸制度や税金・社会保険料等を見直し、さらに充実しています。

農業経営の法人化については、経営サポートを行う拠点として都道府県段階では都道府県、都道府県農業委員会ネットワーク機構（農業会議)、ＪＡ中央会などが、市町村段階では市町村、農業委員会、ＪＡなどが相談窓口となり各種支援が行われていますが、本書は法人化を志向する農業者だけでなく、現場段階の法人化の指導・相談でも役立つ図書としてご活用いただければ幸いです。

最後に、本書の刊行に当たっては、編集委員会にご参画頂いた水谷公孝氏（日本司法書士会連合会理事)、小川貴晃氏（同連合会空き家・所有者不明土地問題等対策部部委員)、税理士の森剛一氏（(一社）全国農業経営コンサルタント協会会長)、特定社会保険労務士の入来院重宏氏（前全国農業経営支援社会保険労務士ネットワーク会長）をはじめ、関係者の皆様に多大なるご協力をいただきました。ここに誌面を借りて心よりお礼申し上げます。

令和５年３月

全国農業委員会ネットワーク機構
一般社団法人　全国農業会議所

目　次

序章　法人化に当たって

第1　農業法人の概要

第2　農地所有適格法人

第3　会社法人と組合法人の比較

第4　法人の設立手続き

第5　農業法人の税

第6　農業経営に必要な資金

第7　農業法人の労務対策

第8　農業法人の社会保険

参考資料

略称　基 盤 法：農業経営基盤強化促進法
　　　農 振 法：農業振興地域の整備に関する法律
　　　農 協 法：農業協同組合法
　　　措　　法：租税特別措置法
　　　法　　法：法人税法
　　　法　　令：法人税法施行令
　　　地　　法：地方税法
　　　商 登 法：商業登記法

商登規則：商業登記規則
労 基 法：労働基準法
健 保 法：健康保険法
厚 年 法：厚生年金保険法
労 災 法：労働者災害補償保険法

農業法人の設立

序 章　法人化に当たって

1．法人化前にすべきこと

農業経営法人化の推進

農業経営の法人化が農政上大きく進展を見せたのは、平成４年６月農林水産省が公表した「新しい食料・農業・農村政策の基本方向」（新政策）です。

「新政策」では、「経営形態の選択肢の拡大の一環として、農業経営の法人化を推進する」として、農業政策として法人化の推進が打ち出されました。

農業経営の法人化は、「経営形態の選択肢の一つ」とされ、「経営の熟度に合わせた法人化」が進められました。

個人経営の段階で、この「経営の熟度」はどのように理解、判断したらよいでしょうか。
一つの目安として、全国認定農業者協議会と（一社）全国農業会議所が認定農業者組織等の支援活動として展開している「農業経営発展過程・経営管理モデル」から考えてみましょう。

ステージ１は、伝統的なイエ（家産と家業）の継承という慣行の中で、生産技術に長けた農業経営であるが、「経営と家計が未分離」の状況です。
この段階から一気に法人経営に移行しても、法人としての経営管理を行うことは困難と考えられます。

ステージ２では、「経営と家計の分離の取り組み」が始められた段階です。

農業が女性や若者にとって、魅力ある職業となるためには、イエ（家産と家業）を中心とした経営から、それを構成し支える個人の地位・役割を明確化し、尊重することが重要です。

この段階でも家族従事者に対する給与制の確立、収支計算による農業経営の理解、青色申告決算書等を分析して家族従事者を含めた農業者年金制度、退職金制度の小規模企業共済制度・中小企業退職金共済制度の加入など「労務管理」や「家族関係の近代化」、「個の尊重」に役立てていくことが可能です。

経営発展意欲を有し、法人化を志す経営体は、「ステージ３　ポジション１」段階の経営管理を少しでも実践しましょう。この段階の経営管理ができていれば、経営の熟度は高まっていると言えるでしょう。

個人経営の段階ですべきこと

ステージ３　ポジション１「経営と家計の分離の発展」段階の経営管理を実現しよう

①経営理念・経営戦略の構築

個人経営でも、法人経営に遜色のない経営を行うことは可能です。

「経営理念」は、どのような農業経営を目指すのか、経営に対する基本的な考え方、思いです。そして、策定された経営理念を実現するための具体的な過程が「経営戦略」です。

経営戦略は、自己経営の能力、資源などの内的要因を洗い出し、外的要因を分析、評価することから始めます。そして、自己経営の強み、特性を把握して、どれくらいの規模で、どのような農畜産物などをどれくらい、どのように提供していくかを決めていきます。

また、生産、販売、財務、人事・労務など役割分担を決めて、経営主、家族従事者、雇用者が一体となって、経営理念の実現に向けた積極的な取り組みが経営発展につながります。

家族経営協定を締結しようとする時や見直しの時、後継者が就農した時、雇用者を雇う時など何らかのきっかけがある時が策定しやすいでしょう。

②複式農業簿記記帳・青色申告の取り組み

複式農業簿記記帳のすすめ

大規模な農業経営や、施設園芸や畜産など投資額が大きな経営では、収益（収入）や費用（支出）の記録（記帳）にとどまる損益計算を中心とした「簡易簿記」では経営管理に必要な財務内容を的確に把握できません。

「複式簿記」は損益計算に加え、農業経営で使用する現金、預金、未収金、土地、建物、機械、果樹・牛馬などの事業資産や借入金、未払金などの負債、農業経営に投資している資本金（元入金）の財政状態や資金繰り等が的確に把握できます。

また、家計とのお金のやり取り等を記録することによって財政上の経営と家計の分離をすることができます。

農業経営の改善、発展のためには「複式簿記」を記帳し、数字による経営把握、分析を行い、経営と家計との分離をすることが基礎的な条件です。

さらに、財務管理を理解することで、法人化に際しての個人経営の資産・負債等の法人への引継ぎや法人化後の経営管理に生かされます。

なお、法人化後の企業会計の一般原則では「企業会計は、すべての取引につき、正規の簿記（複式簿記）の原則に従って、正確な会計帳簿を作成しなければならない」と決められています。

青色申告のすすめ

所得税では、自分の所得と税額を自分で計算し納税するという「申告納税制度」をとっており、白色申告と青色申告があります。

また、平成26年から白色申告者も事業（農業）所得、不動産所得、山林所得を生ずべき業務を行う者は、記帳、帳簿・書類等保存制度が設けられています。

青色申告者は原則として正規の簿記（複式簿記）により記帳しますが、簡易簿記で記帳してもよいことになっています。

「青色申告」は主な特典は以下の通りです。

(1) 青色申告特別控除・・複式簿記記帳は最高55万円（e-tax申告等は65万円)、簡易簿記記帳は最高10万円

(2) 青色事業専従者給与の必要経費算入・・青色申告者と生計を一にする15歳以上の親族で農業に従事している場合（６か月以上)、支払った給与が労務の対価として適正な金額であれば、全額必要経費に算入できます。

(3) 減価償却費の特例

(4) 純損失の繰越控除または繰戻しによる還付

農業が魅力ある職業となるためには、家族であっても働いた、経営に寄与した割合に応じた適正な労働報酬を得ることが必要です。

白色申告では、従事者１人について50万円（申告者の配偶者は86万円）の事業従事者控除がありますが、いくら働いても、経営に寄与しても同額で控除されるだけで、給与として受け取った金額は必要経費には算入されません。

青色申告では支払った給与が適正であれば全額必要経費に算入でき（給与制の確立)、節税にもなり、また家族従事者にとってもやりがいと責任感が育ってきます。

個人経営における「個」の確立の面から、また経営管理改善の面から基礎的な条件である「複式農業簿記記帳」と「青色申告」の取り組みをして、「経営と家計の分離を発展」させましょう。

③労務管理の取り組み

就労条件整備による時間の経営と家計の分離

農業経営の労働時間と家庭・生活を楽しむための時間とを区切り、けじめをつけることが大切です。

「労働時間、休憩、休日」などの就労条件を農業経営の特性に合わせて作ります。この就労条件を実行するために、計画的な作業体制、役割分担などによる作業の効率化、農機具類の整然配置・整備などの工夫を生み、作業環境の改善が期待できます。

従事者の福祉面や社会保障面の充実

「国民年金」に加え、経営主・家族従事者が加入できる「農業者年金」、経営主が加入できる退職金制度の「小規模企業共済制度」、青色申告であれば家族の青色事業専従者が加入できる退職金制度の「中小企業退職金共済制度」の整備を進めていくことで社会保障面の充実を図ります。

また、家族従事者では充足できない人材の確保及び家族従事者の定期的な休日の確保のためには雇用従事者を確保することが欠かせません。ただし、雇用者の責務として給与制、就業規則、労災保険、退職金制度などの整備を通じて就業ルールを明確化し、労務管理面を逐次改善していくことが大切です。

④家族経営協定の取り組み

農業は家族従事者と共同経営的に営まれますが、お互いに「個」を尊重し、認め合うことが大切です。

前述してきた様々な取り組みを実行に移すとともに、文書化した「家族経営協定」によって再確認し、また健康診断や家庭生活の取り決めも加えることによって家族関係の好環境を生むことでしょう。

「家族経営協定」はワーク・ライフ・バランス実現の有効な手段となります。

法人化にあたり検討すべきこと

法人化する段階にあるかどうかの判断

家族経営を法人化するには、前述したステージ３　ポジション１段階の①経営理念・経営戦略の構築、②複式農業簿記記帳・青色申告の取り組み、③労務管理の取り組み、④家族経営協定の取り組みを経てからが望まれます。

さらに、青色申告決算書からの目安としては、経営主の農業所得と青色専従者給与額を合わせて、法人化後の家計費が満たせるかどうかです。家計費が満たせなければ、法人からの借り入れ、もしくは家計（個人）預金の取り崩しによる充足となり、健全な法人経営と家計の姿ではなくなるからです。法人化後のメリット発揮に期待することは注意が必要です。

また、集落営農や第３者複数人が集まる法人化の場合は、収益の分配（報酬の決定）や法人経営の改善、発展において複式簿記記帳による財務諸表を役員が理解できないと経営判断に誤りが生じやすいため、役員になる予定の農業者は、自身の経営で②複式農業簿記記帳・青色申告の取り組みを経ていることが望まれます。

経営理念・経営戦略の策定

法人経営は、組織として経営が展開されます。

したがって、大切なことは、法人としての「経営理念･経営戦略」を策定することです。役員、家族や雇用従事者がその「経営理念・経営戦略」を理解し、それぞれの立場で役割分担し、コミュニケーションを図って、その実現に向けて組織として経営を展開していきます。

法人化することのメリット、デメリットの検討

何を目的に法人化するか、法人化のメリット・デメリットを検討します。

メリットとしては、経営の多角化・規模拡大、法に基づく社会保険適用（厚生年金・労災保険・雇用保険・健康保険)、労務管理の充実、経営継承の多様性、経営主の給与制による節税、社会的信用度の向上などがあります。

デメリットとしては、利益がない場合での地方税負担、社会保険料の法人負担による費用増、倒産の危惧などがあります。

「農業経営発展過程・経営管理モデル」に基づく活動展開

2019年5月
全国認定農業者協議会
全国農業会議所

全国認定農業者協議会行動指針に基づき、農業委員会ネットワーク機構と連携して、「農業経営発展過程・経営管理モデル」*に対応した活動を展開。

認定農業者等が、自己の経営を改善・発展させるための課題に“気づくこと”ができるよう、事務局担当組織等と連携し、研修会を開催するなど、認定農業者組織の活動を推進。

課題認識の基礎となる複式農業簿記記帳と青色申告が継続できる環境づくりを推進。

課題を解決するために、関係機関・団体から必要な情報や支援が得られる体制づくりを推進。

*©全国認定農業者協議会・全国農業会議所

ステージ1　経営と家計の未分離

① 会計管理は未実施　② 白色申告
③ 就業環境は未整備の状態

ステージ2　経営と家計の分離の取り組み

① 収支計算・青色申告の取り組み
② 農業者年金の加入など労務管理の初歩の取り組み

ステージ3

ポジション1　経営と家計の分離の発展

① 経営理念・経営戦略の構築
② 複式農業簿記記帳・青色申告の取り組み
③ 労務管理の取り組み
労働時間、休憩・休日、
農業者年金、小規模企業共済、
中小企業退職金共済制度　等
④ 家族経営協定の取り組み
部門・役割分担、給与制、
労務管理、家庭生活　等
⑤ 雇用の導入
労務管理面のゆとりの確保と経営発展
⑥ 経営支援制度・税制等の活用
⑦ 経営分析・診断の取り組み

ポジション2　個人経営の発展

① 経営理念・経営戦略の再構築
② 環境変化に応じた家族経営協定の見直しと実践
＊経営継承対策
＊相続対策
＊労務管理の充実
＊部門・役割分担
③ 農業生産工程管理（GAP）の取り組み
④ 経営多角化・規模拡大
⑤ 経営を担える人材の確保・育成
⑥ 経営支援制度・税制等の活用
⑦ 地域・社会貢献

ポジション3　法人経営への展開

① 経営理念・経営戦略の構築
② 経営と家計の完全分離
③ 充実した家族経営協定の実践
＊法に基づく労務管理
＊部門・役割分担の明確化
＊経営継承・相続対策の検討
④ 法人化メリットの発揮
＊経営多角化・規模拡大
＊優秀な人材確保
⑤ 農業生産工程管理（GAP）の取り組み
⑥ 経営支援制度・税制等の活用

ポジション4　法人経営のさらなる発展

① 経営理念・経営戦略の再構築
② 更に充実した家族経営協定の実践
＊経営継承（後継者の確保・育成）対策
＊相続対策
③ 更なる法人化メリットの発揮
＊経営を担える人材の確保・育成
＊経営多角化・規模拡大
④ 経営支援制度・税制等の活用
⑤ 地域・社会貢献

2 経営を発展させている農業法人

CASE 1：「れんこんの穴から世界が見える」三兄弟で起こした農業法人

会社データ
○会社名：株式会社れんこん三兄弟
○代表者名：宮本　貴夫
○所在地：茨城県稲敷市
○設立年月：2010年6月
○事業内容：レンコン栽培、レンコンの農作業請負。農産加工品の製造と販売など
○経営規模：26ha（生産量400t/年）
○従業員数：30名
○HP：http://renkon3kyodai.com/

会社概要
株式会社れんこん三兄弟は、茨城県稲敷市で代々営んできたレンコン栽培農家を三人の兄弟が中心となって法人化した会社である。生産や営業・販売、経営管理等、兄弟それぞれが得意分野を活かして分担し、経営を発展させている。

農業のイメージ向上、新しい農業の形を目指して

大学卒業後、体育講師として教鞭をとっていた長男の宮本貴夫氏は、自分を育ててくれた家業の農業が世間からは辛く苦しいものとして見られていると感じていた。『世間の農業へのイメージを良くしたい』『農業の新しい時代を切り開きたい』と決意し、2人の弟たちとともに2010年に『株式会社れんこん三兄弟』を設立した。

個人経営時代はれんこんを全量農協に出荷していたが、それでは自分たちが丹精込めて育てたれんこんがどこで誰に購入され、どのような評価を受けているのかわからない、と物足りなさを感じた宮本社長は自らの手で販路開拓に乗り出した。はじめは直売所での販売から出発し、地道な営業努力を重ねて飲食店や小売店に販売を広げ、現在では都内を含め150店舗あまりのレストラン等と直接取引を行っている。「飲食店や小売店と直接やり取りすることでお客さんにどんな商品が喜ばれるのかをリサーチでき、その評価を畑にフィードバックしてPDCAサイクルを回すことで、商品価値を磨くことができた」と振り返る。「れんこん三兄弟」というインパクトのあるネーミングも相まってお客さんに「作り手」の自分たちに興味を持ってもらい、身近に感じてもらうことは、目標だった農業のイメージアップにつながっていると感じている。

取引量が増えるにつれて、家族以外の社員を雇い入れ、労働力を強化していくことが必要になった。株式会社という組織での採用は、求職者やその家族に信用を与え、人材の雇用につながったが、一方で、社員に安心して働いてもらうために、労働環境の整備、給与面の充実など、法人として社会のルールをまもり、効率化を進め、利益を出していかなければならない。非農家出身の農業を志す若者を社員として迎え入れ、会社の一員としてともに成長し、好きな農業で定年まで働ける会社を作っていくことも農業の新しい時代つくることだと宮本社長は考えている。

形ばかり法人化しても、いきなり売上が伸びたり、優秀な社員が雇えるようになるわけではない。会社として未来に向けしっかりと目標を定め、皆で努力を積み重ね、力強い組織を作っていくことが、社会や地域への貢献、皆の幸せにつながっていく。それが法人化の強みのひとつだと宮本社長は語る。

株式会社れんこん三兄弟の経営理念

1. れんこんで、笑顔あふれる社会を次世代につなぐ
2. れんこんの価値と可能性を追求し、信頼をつなぐ
3. れんこんを愛し、仲間と共に成長し、豊かな心で社会とつながる

2 経営を発展させている農業法人

CASE 2：「ブロッコリー企業」が 農業の未来を変える！

会社概要
株式会社アイファームは、温暖な気候で年間日照時間が多い全国有数の農業都市である浜松市でブロッコリーの作付面積 140ha と静岡県内随一の規模を誇る法人である。社長の池谷伸二さんは建設業からの参入で農業法人を設立した。

会社データ
○会社名：株式会社アイファーム
○代表者名：池谷　伸二
○所在地：静岡県浜松市
○設立年月：２０１６年５月
○事業内容：ブロッコリー生産、一次加工、販売など
○経営規模：年間延べ 140ha（生産量 1,400t/ 年）
○従業員数（アルバイト含）：50 名
○ HP：https://aifarm.co.jp/

異業種から農業へ　建設業の経験を活かしイノベーションを起こす

もともと内装工事の会社を経営していた池谷社長は、リーマンショックによる景気の悪化や取引先のトラブル等の影響により、思うように工事が請け負えない状況が続いていた。下請けの「受け身」でする仕事ではなく「自らの手でモノを作り、販売する仕事をしたい！」という思いが募る中、「畑を無料で貸します」という看板を見つけ、農協に相談に出向いたのが就農のきっかけとなった。

就農当初、ブロッコリーの形が出荷規格に合わないため販売できず、在庫の山を抱えてしまった。ここで池谷社長が気付いたのは、ブロッコリーをバラして房にしてしまえば出荷規格にとらわれず、販売先でのカット加工の手間をかけないことだった。さっそく地場の大手外食チェーン店と交渉し、味や新鮮さを評価され、取り扱ってもらえることになった。発想の転換や独自の工夫から、規格にとらわれない商品を提供することで、食品ロスの低減、コスト削減も実現している。

異業種から新規就農した池谷社長は、農業の伸びしろや、生きるために不可欠な食物を生産する誇りのある仕事であるという大きな魅力を感じている一方で、天候に左右される難しい仕事であることや、先行きが分からないという不安も抱えていた。だからこそ、従来の人の勘に頼ったやり方ではなく、栽培管理をはじめとしたあらゆるデータを蓄積し、ビックデータや人工知能といった最先端のテクノロジーを活用して出荷量予測を行うなど、数字に基づいた組織管理をしていくことが、天候不順や災害時などに大きな被害を受けやすい「露地野菜栽培」にとって非常に重要と考えている。厳しい状況下であっても組織に力を結集し、黒字経営を実現して、「農業をやりたい！」と志して入社してきた若者たちに不安なく活躍してもらいたいと思っている。

夢や思いを実現してきた池谷社長でも時には経営者として悩み、相談できる人がいない孤独に直面することもある。そんな時は県や全国の農業法人協会の活動に参加し、経営者同士が情報交換や切磋琢磨できる場として、また、農業者の声を発信する場として活用しているという。

農業に対する大きな熱意と既成の概念にとらわれない発想力で池谷社長の新しい挑戦はこれからも続いていく。

株式会社アイファームの経営理念

・社会に必要とされる生産者であり続ける
・野菜の生産を通じて人の健康を支える

農業法人の設立

第１　農業法人の概要

1．農業法人とは

「農業法人」という呼称は、株式会社や合同会社など法人格を持った組織（法人事業体）が事業として農業を営んでいる場合に使われ、農地を使わなくてもできる養鶏・養豚などの畜産や植物工場での野菜生産、農作業の受託なども含まれます。

2．農地の権利取得

農地を使って農業を営むには農地の使用及び収益する権利を取得する必要があり、所有権を取得する方法と貸借権（賃貸借・使用貸借）を取得する方法があります。
農地の使用・収益権を取得するには、農地法第３条第２項で定める農地の権利取得に必要な基本要件を満たした上で権利取得したい農地が所在する農業委員会に申請し、許可を得る必要があります。

一般の場合の許可要件（農地法第３条第２項、詳細は17頁参照）

第１号　全部効率利用要件
第２号　農地所有適格法人以外の法人の権利取得の禁止
第３号　信託の禁止
第４号　常時従事要件
第５号　転貸の禁止
第６号　地域調和要件

3．農地所有適格法人

法人事業体が農地の使用･収益権を取得するには､農地法第２条第３項で定める要件（組織形態要件、事業要件、議決権要件、役員要件）を満たす必要があり、その要件を満たす法人事業体が「農地所有適格法人」となります。「農地所有適格法人」であれば、農地法第３条第２項で定める農地の権利取得に必要な基本要件を満たした上で農業委員会に許可申請することができ、許可を得れば法人事業体の名義で使用・収益権を取得することができます。

なお、農地法第３条第３項で定める要件を満たす法人事業体であれば、農地所有適格法人の要件を満たさなくても「解除条件付き」により貸借権（賃貸借・使用貸借）を取得することが可能ですが、所有権の取得は農地所有適格法人の要件を満たす法人事業体に限られます。

「農地所有適格法人」は株式会社や合同会社、農事組合法人といった会社形態ではなく「要件」であるため「農地所有適格法人○○」という表記は適切ではなく、正しくは「農地所有適格法人要件を持つ株式会社○○」となります。

４．農地の権利取得の例外的取扱い

⑴農地の使用・収益権を取得するためには上記２による農地法の手続きが原則ですが、認定農業者等の担い手への農地の利用集積を一層進めるための政策的措置として、農業経営基盤強化促進法による農地の使用･収益権の設定（所有権、貸借権（賃貸借･使用貸借））ができます。

①添付書類が少ないこと、②期間満了により必ず終期を迎えること（再設定により期間延長は可能）による安心感などにより、農地の貸借については約８割がこの方法で行われています。

⑵「農地所有適格法人」の要件を満たさなくても、農地法第３条第３項で定める要件を満たす法人事業体であれば､「解除条件付き」の貸借契約を締結することを条件に貸借権（賃貸借・使用貸借）を取得することが可能です。

農地を使って農業を営む法人事業体であっても、農地の所有権を取得することなく、貸借による権利取得しか行わない場合は「農地所有適格法人」の要件を満たす必要はありません（**解除条件付き貸借の場合の許可要件（農地法第３条第３項）の詳細は17頁参照**）。

5．一般法人の農業参入 ―解除条件付貸借で借りて農業―

一般法人でも農業法人あるいは NPO 法人でも、農地所有適格法人の要件を満たさなくても農地の貸借（使用貸借権又は賃借権に限ります）で次の要件を満たす場合には、農業委員会の許可を受けて農地を借りて農業ができます。

⑴ 許可の要件

ア 一般の場合【基本】農地法第３条第２項

次のいずれかに該当するときは許可されません。

① 取得しようとする者が、機械の所有状況、農作業従事者数、技術等を総合的に勘案して農業経営に供すべき農地（農地、採草放牧地）のすべてについて効率的に利用して耕作又は養畜の事業を行うと認められない場合

② 農地所有適格法人以外の法人が権利を取得しようとする場合

③ 信託の引受により権利を取得しようとする場合

④ 必要な農作業に常時従事すると認められない場合

⑤ 所有権以外の権限で耕作している者が転貸しようとする場合

⑥ 権利を取得しようとする者が取得後に行う耕作等の事業の内容、農地の位置からみて、農地の集団化、農作業の効率化その他周辺地域の農地の農業上の効率的かつ総合的な利用の確保に支障が生ずるおそれがある場合

イ 解除条件付貸借の場合【例外的取扱い】農地法第３条第３項

一般の場合のアの②、④を除いた要件に加えて、次の要件のすべてを満たす必要があります。

① 農地の権利を取得後適正に利用していない場合に使用貸借又は賃貸借を解除する旨の条件が書面による契約に付されている場合

② 権利を取得しようとする者が地域の他の農業者と適切な役割分担の下に継続的かつ安定的に農業を行うと認められる場合

この場合の「適切な役割分担の下に」の例として、農業の維持発展に関する話し合い活動への参加、農道、水路、ため池等の共同利用施設の取り決めの遵守、獣害被害対策への協力等が考えられるとされています。

さらにこれらについて、例えば、農地の権利を取得しようとする者は、確約書を提出すること、農業委員会と協定を結ぶこと等が考えられるとされています。

また、「継続的かつ安定的に農業を行う」とは、機械や労働力の確保状況等からみて、農業経営を長期的に継続して行う見込みがあることとされています。

③　権利を取得する者が法人の場合、当該法人の業務執行役員又は省令で定める使用人のうち１人以上が耕作又は養畜の事業に常時従事すると認められる場合

この場合の「業務を執行する役員又は省令で定める使用人のうち１人以上の者がその法人の行う耕作又は養畜の事業に常時従事すると認められる」とは、業務を執行する役員又は法人の農業に関する権限及び責任を有する使用人のうち１人以上の者が、法人の行う耕作又は養畜の事業（農作業、営農計画の作成、マーケティング等を含む。）の担当者として、農業経営に責任をもって対応できるものであることが担保されている必要があります。

④　農地法施行規則第17条の「法人の行う耕作又は養畜の事業に関する権限及び責任を有する者」とは、支店長、農場長、農業部門の部長その他いかなる名称であるかを問わず、その法人の行う耕作又は養畜の事業に関する権限及び責任を有し、地域との調整役として責任をもって対応できる者をいいます。権限及び責任を有するか否かの確認は、当該法人の代表者が発行する証明書、当該法人の組織に関する規則（使用人の権限及び責任の内容及び範囲が明らかなものに限る。）等で行います。

なお、解除条件付貸借の場合の許可には、使用貸借権又は賃借権の設定を受けた者が毎年、農地の利用状況について農業委員会に報告しなければならない旨の条件が付されます。（207頁の様式を参照）

ウ　解除条件付貸借した後適正に利用されない場合の取扱い（農地法第３条の２）

この解除条件付貸借の許可を受けた者が適正な利用をしていない場合等には、次のように取り扱われます。

①　農業委員会による必要な措置を講ずべき旨の勧告

a　周辺の地域における農地の農業上の効率的かつ総合的な利用の確保に支障が生じている場合

b　地域の他の農業者との適切な役割分担の下に継続的かつ安定的に農業経営を行っていないと認める場合

c　法人にあっては、業務を執行する役員又は省令で定める使用人（農業に関する権限及び責任を有する者）が誰も耕作等の事業を行っていないと認める場合

②　農業委員会による許可の取消し

a　農地を適正に利用していないと認められるにもかかわらず、使用貸借又は賃貸借を解除しないとき

b　①の勧告に従わなかったとき

6．法人で農業を行う

農業の法人化による経営管理の向上や対外的信用力の向上等が期待され、その推進が求められています。

そこでまず現在において法人による農業がどのような形でできるのかをみてみると、図のようになります。

農地を使わないで農業を行う場合、例えば養豚、養鶏等がありますが、農地を使うのが一般的であり、本書では農地の権利を取得して農業を営む場合を中心に法人の設立の手続きを説明することにします。

図　法人の農業経営と農地の権利取得関係

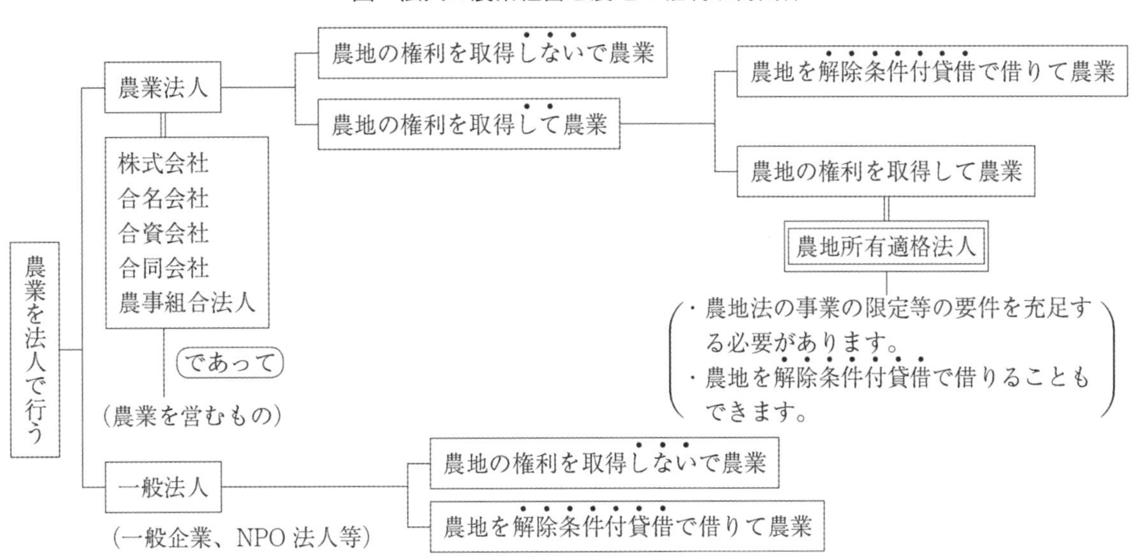

注：解除条件付貸借の場合は、使用貸借権又は賃借権の設定に限られます。

企業の農業参入の要件（リース・所有の比較）

農地の貸借及び所有の要件		リース方式	所有方式 （以下の要件を満たす法人を「農地所有適格法人」と呼称）
法人要件	法人形態要件	制限なし	株式会社（株式譲渡制限があるものに限る）、合名会社、合資会社、合同会社、農事組合法人（農協法）
	事業要件	制限なし	農地取得後、売上高の過半が農業（販売・加工等を含む）
	構成員要件	制限なし	農業関係者（※）が総議決権の過半を占めること ※ 法人の行う農業に常時従事する個人や法人に農地の権利を提供した個人等
	役員要件	役員又は重要な使用人の1人以上が農業の常時従事者であること	・役員の過半が農業の常時従事者（原則年間150日以上）であり、構成員（株式会社は株主）であること ・役員又は重要な使用人の１人以上が法人の行う農業に必要な農作業に従事（原則年間60日以上）すること
農地利用及び契約の要件	基本的要件	・農地のすべてを効率的に利用すること ・周辺の農地利用に支障がないこと	
	その他要件	・農地を適正に利用していない場合には賃貸借の解除をする旨の契約が、書面で締結されていること ・地域の農業者との適切な役割分担の下に継続的かつ安定的に農業経営を行うと見込まれること	――

7．法人と個人の違い

(1) 税制

ア　法人と個人との税制上の取扱い

（令和５年３月現在）

<table>
<tr><th></th><th>法人の場合（会社形態）</th><th>法人でない場合（農家）</th></tr>
<tr><td>所得に対する課税</td><td>（法人税）
○定率による法人税の課税
（資本金１億円以下の場合）
800万円以下の金額　15%
800万円超の金額　23.2%

○以下の損金算入が可能
・役員報酬、退職金支給
・交際費
・親族に対する給料

○繰越控除
青色欠損金の繰越控除が10年間できる。

○法人事業税が課税される。
（資本金１億円以下の場合）
400万円以下の金額　3.5%
400万円超800万円以下の金額　5.3%
800万円超の金額　7.0%

○特別法人事業税
（資本金１億円以下の場合）
基準法人所得割額　×　37.0%

○法人住民税（法人税割）
税率　7.0%
（都府県民税　1.0%
市町村民税　6.0%）</td><td>（所得税）
○累進税率による所得税の課税
195万円以下の金額　５%
195万円超 330万円以下の金額　10%
330万円超 695万円以下の金額　20%
695万円超 900万円以下の金額　23%
900万円超1800万円以下の金額　33%
1800万円超4000万円以下の金額　40%
4000万円超　45%
○以下の控除が可能（青色申告者）
・55万円の特別控除
・６月以上従事する親族に対する給与

○繰越控除（青色申告者）
純損失の繰越控除が３年間できる。

○個人事業税が課税されない。

○個人住民税（所得割）
税率（総合課税分）　10%
（都府県民税　４%
市町村民税　６%）</td></tr>
<tr><td rowspan="2">相続税の取扱い</td><td colspan="2">○基礎控除額の範囲内ならば、相続税は課税されない。
基礎控除額 ＝ 3,000万円 ＋ 600 万円 × 法定相続人の数</td></tr>
<tr><td>○課税財産
法人に対して所有する出資持分について相続税が課税される。

一般に小規模である農業法人の出資持分の評価は、純資産価額方式（法人の所有する純資産を発行済総口数で除して求める方式）により行われる。

※　一定の要件を満たす場合には、非上場株式等についての相続税の納税猶予の適用が可能</td><td>○農地等に対する特例
農地等に係る相続税の納税猶予の適用が可能

（・後継者が明らかである。
・営農継続の見込みがある場合には、納税猶予の適用を受けた方が一般的に有利である。）</td></tr>
</table>

イ　農地等の譲渡益に対する法人税

① 譲渡所得の金額の計算

法人税における所得の計算は、基本的には所得税における事業所得の計算と同様です。すなわち、すべての益金からすべての損金を控除した残額が所得です。

ただし、所得税の土地等の譲渡所得にあっては、分離課税制度がとられており、しかも譲渡所得が長期譲渡所得か短期譲渡所得かで課税方法が異なっています。これに対して法人税の場合には、すべての所得は総合して課税されます。また、土地譲渡益については通常の法人税のほかに、付加税的に追加課税が行われています。

② 譲渡益に対する課税の特例の差異

所得税における土地等の譲渡所得に対する課税の特例について、法人税においても同様の措置が講じられているものと、いないものに区分すると次のとおりです。

a　法人税でも所得税と同様の措置が講じられているもの

(a)　収用等に伴い代替資産を取得した場合の課税の特例（措法第33条、第64条）

(b)　換地処分等に伴い資産を取得した場合の課税の特例（措法第33の３、第65条）

(c)　収用換地等の場合の所得の特別控除（措法第33条の４、第65条の２）

(d)　特定土地区画整理事業等のために土地等を譲渡した場合の所得の特別控除（措法第34条、第65条の３）

(e)　特定住宅地造成事業等のために土地等を譲渡した場合の所得の特別控除（措法第34条の２、第65条の４）

(f)　農地保有の合理化のために農地等を譲渡した場合の所得の特別控除（措法第34条の３、第65条の５）

（注）本特例の適用を受けられる法人は農地所有適格法人のみです。

(g)　特定の長期所有土地等の所得の特別控除（措法第35条の２、第65条の５の２）

(h)　特定の資産の買換え・交換の場合の課税の特例（措法第37条、第37条の４、第65条の７、65の９）

(i)　特定の交換分合により土地等を取得した場合の課税の特例(措法第37条の６、第65条の10)

(j)　平成21年及び平成22年に土地等の先行取得をした場合の課税の特例（措法第37の９の５、66の２、68の85の４）

b　所得税だけに講じられている措置

(a)　長期譲渡所得の課税の特例（措法第31条）

(b)　優良住宅地の造成等のために土地等を譲渡した場合の長期譲渡所得の課税の特例（措法第31条の２）

(c)　居住用財産を譲渡した場合の長期譲渡所得の課税の特例（措法第31条の３）

(d)　長期譲渡所得の概算所得費控除（措法第31条の４）

(e)　短期譲渡所得の課税の特例（措法第32条）

(f)　居住用財産の譲渡所得の特別控除（措法第35条）

(g)　特定の居住用財産の買換え・交換の場合の長期譲渡所得の課税の特例（措法第36条の２、第36条の５）

(h)　既成市街地等内にある土地等の中高層耐火建築物等の建設のための買換え及び交換の場合の譲渡所得の課税の特例（措法第37条の５）

(i)　相続財産に係る譲渡所得の課税の特例（措法第39条）

（注）　これらのうち、(a)、(e)に対応するものとして、法人税では「土地譲渡益重課制度」が設けられています。

c　法人税だけに講じられている措置

(a)　土地の譲渡等がある場合の特別税率（措法第62条の３）

(b)　短期所有に係る土地の譲渡等がある場合の特別税率（措法第63条）

（注）　これらに対応するものとして、所得税では「長期・短期譲渡所得の課税の特例」（措法第31条、第32条）及び「土地の譲渡等に係る事業所得等の課税の特例」（措法第28条の４）があります。

ウ　その他の税の特例

法人税のほか事業税が、農地所有適格法人の要件を満たす農事組合法人が行う農業の場合は非課税となるなど、その他の税でも特例が設けられています。

(2)　制度融資

ア　制度資金の融資限度額が個人より拡大されます。

イ　役員の連帯保証で借入金に対応することができます。

(3)　農地所有適格法人での農地取得

ア　法人として農地を買ったり借りたりして農業経営を営むことができます。

イ　農地中間管理機構の出資を受けて規模拡大をすることが可能です。

(4)　経営のメリット

ア　家計と経営の分離が図られ、経営体として確立できます。

①　家計は法人からの給料等で賄うことになり、生活資金の定期化・定額化が図られ、家計の計画化が可能となります。

②　経営の参加者（構成員・従事者）に対して労務の対価として給料が支払われ、所得が配分されます。

イ　経営が合理的に運営されます。

①　企業的経営として会計が独立して行われ、企業会計の規則で経営内容の把握が正確となり、経営内容の明確化と組織的運営により、経営の合理化や改善計画が可能となります。

②　経営者としての責任が生じ、従業員や顧客に対する意識の向上が図られます。

③　家族従事者に対する給与等人件費支払い、後継者・女性等の経営参加により労働意欲の増大につながります。

④　信用の増大により、取引先・量などで取引の拡大が見込めます。

⑤　雇用契約の明確化、給与等労務の対価の支払い、休日の確保等労働条件の改善などにより雇用の安定的確保を図ることができます。

8．法人になることによって生ずる義務・負担

法人になることによって有利な面がある反面、一方では事務処理の繁雑さや金銭面での負担が増加することになります。これらは法人としての当然の義務や負担として発生するものがほとんどですので十分熟知して取り込むことが必要です。

(1)　税の負担

ア　所得が少ない経営では税負担等が増加することがあります。

①　所得の少ない経営では負担が増大します。個人経営では所得がない場合は所得税等の負担がありませんが、法人の場合は利益がなくても最低限地方税が７万円負担（都道府県民税均等割額２万円、市町村民税均等割額５万円）となります。

②　会計が企業会計規則によるため多少手数を要します。

③　会計事務や税務申告を専門家等に依頼する場合には経費負担が増加します。

イ　農地の権利を取得した場合には多額の税負担が発生することがあります。

①　法人が構成員等個人の所有している農地を法人所有にするには、元の所有者個人に譲渡所得税の負担があります（現物出資でも譲渡とされます）。特に地価の高い地域での所有権移転には困難性があります。

②　法人が構成員等個人から農地を借り入れた場合には、貸し付けた者のその農地はそれまで相続税納税猶予の対象とはなりませんでしたが、これについては平成21年の農地法等の改正により農業経営基盤強化促進法の農用地利用集積計画で貸す場合でもこの相続税納税猶予の対象とされました。なお、その場合には終身経営を継続する必要があります。

農地の移転と課税関係

法人への農地提供方法	課　税　と　の　関　係
売り渡した場合	①売り渡しに際し、譲渡所得税が課税されます
現物出資した場合	①現物出資の評価額に対し譲渡所得税が課税されます ②農地の相続問題は解消しますが、法人の出資持分としての相続となります
貸し付けた場合	①譲渡所得税の課税はありません ②貸付地は農用地利用集積計画による場合を除き相続税納税猶予制度の適用の対象とはされません

⑵　社会・労働保険制度

社会保険等の加入に当たっては経費の負担が必要となります。

⑶　要件適合性の確保のための措置

農地所有適格法人の要件は、農地の権利を取得した後も満たされていることが必要です。要件を満たさなくなれば、最終的に農地が国に買収されることとなります。農地所有適格法人が農地の権利を取得した後も要件に適合していることを確保するため、次のような措置が設けられています。

農地所有適格法人は、毎事業年度の終了後３か月以内に、事業の状況等を農業委員会に報告しなければなりません。この毎年の報告をせず、又は虚偽の報告をした場合には30万円以下の過料が課せられます。

⑷　そ の 他

廃止（解散）する場合には、法人の財産はすべてを清算することになり、そのために一定の手続きが必要となります。

9．法人の形態

農業法人の組織形態としては、会社法の株式会社、持分会社（合名会社、合資会社、合同会社）と農協法の農事組合法人があります。次にそれぞれの形態について説明します。

⑴　株式会社

会社法に基づく会社で、資本を多く集めることができるように株式を発行する物的会社です。企業としてもっとも一般的な会社形態であり、株式会社の社員は細分化された株式という形態をとっているため、株主といいます。

株主は、会社に対して一定の限度で出資義務を負うだけで、株式会社の債権者に対しては、直接責任を負いません（間接有限責任）。株式会社は、このように「株式」、「株主の間接有限責任」を特色とする会社です。

株主になるにあたっては、予め会社に対して出資の履行が必要とされています。株主になった以降は、株式会社が解散しない限り出資の返還を求めることはできません。そこで株主の投下した資本の回収のために、株式の譲渡は自由にできる仕組みになっています。

なお、株式会社が農業を営むため農地の所有権等の権利を取得する場合には、これらに加えて農地所有適格法人の要件を満たす必要があり、その要件の１つに「公開会社でないものに限る。」というのがあります。これは、株式会社にあっては、その発行する全部の株式の内容として譲渡による当該株式の取得について当該株式会社の承認を要する旨の定款の定めを設けている場合に限り、認めるものです。例えば、株式の譲受人が従業員以外の者である場合に限り承認を要する等の限定的な株式譲渡制限は、これに当たらないとされています。

〈参考〉 特例有限会社

平成18年５月１日に施行された会社法により、従来の有限会社は廃止され、それまでの有限会社は、「特例有限会社」という株式会社として存続することになりました。その結果、有限会社の社員は株主として、社員の有していた持分は株式として、出資１口は１株としてみなされる取扱いになりました。

特例有限会社は、おおむね取締役会を設置していない非公開会社（譲渡制限会社）と取扱いを同じくしますが、次の点で異なっています。

・商号は、従来の「有限会社」をそのまま用います。株式会社の名称は入りません。
・特例有限会社における株式については、譲渡制限に関する定款の記載があるものとみなされます。
・取締役の任期に関する会社法の規定は適用がありません。
・有限会社において「監査役を置く」旨の定款の記載のある場合には、特例有限会社においては、会計監査権限に限られます。
・計算書類の公告に関する会社法第440条の規定は適用がありません。

法人形態別の比較

	株式会社	合同会社	農事組合法人
根拠法	会社法	会社法	農業協同組合法
構成員	株主（有限責任） 条件を備えれば農業者でなくてもよい。自然人、法人とも社員になれる。	社員（有限責任） 条件を備えれば農業者でなくてもよい。 自然人、法人とも社員になれる。	①組合員（有限責任） 農民等であって定款で定めるもの。 ②員外従事者は2/3を超えてはならない。
発起人	1人以上（制限なし）	発起人はいない。社員1人以上で設立	3人以上（制限なし）
出資	①現金出資と現物出資 ②出資は1株均一（金額に制限なし）	金銭出資か現物出資 出資は、各社員によって異なる。 設立の登記をする時までに、金銭の全額を払込または現物の給付をする必要	①金銭出資と現物出資 ②出資は1口均一（金額に制限なし） ③出資の分割払込も可（現物出資は第1回目に一括払込）
議決権	各株主は原則として出資1株につき1議決権	原則として、各社員1議決権。定款で別段の定めは可	各組合員は出資口数に関係なく1人1議決権
資本金の最低額	制限なし	制限なし	特に定めなし
役員	①取締役（必置機関、1人以上、任期2年以内）：株主外からの選任も可。株主に限定することは不可。 ②監査役（定款の定めで置くことができる）：株主外からの選任可。株主に限定することは不可。	原則として、各社員が業務執行の権利及び義務を負う。定款で定めれば、一定の社員のみを業務執行社員とすることができる。	①理事（必置機関、1人以上、任期3年以内）：理事はその農事組合法人の組合員 ②監事（任意機関、任期3年以内）：組合員以外の者もなりうる（置いた場合）
設立手続き	①発起人（株主になろうとする者）の定款作成 ②公証人の定款認証 ③株主総会（取締役の選任） ④出資の払込→出資全額の払込、現物出資の目的たる財産全部の給付 ⑤取締役会設置会社の場合→代表取締役の選任が必須。 ⑥取締役、監査役の調査。現物出資がある時は裁判所選任の検査役の調査 ⑦設立登記	①社員になろうとする者の定款作成 ②出資の履行 ③設立登記	①発起人の定款作成 ②設立同意の申出 ③役員の選任（定款に役員が定められていれば不要） ④出資の払込 ⑤設立登記 ⑥行政庁への設立届出
持分の譲渡	①株主相互間の持分譲渡は自由。 ②但し、定款で会社の承認を要することを定めることが可能。	社員は、他の社員の全員の承諾を得て、その持分を譲渡できる。	①出資組合の組合員は、組合の承認を得なければその持分を譲渡できない。 ②非組合員が持分譲渡を受ける時は加入の例による必要あり。
法人の性格	①営利の追求を目的とする物的会社。 ②株主数に制限がない。また、機動的な経営展開が可能。 ③取締役と株主総会の役割分担が明確で、取締役による主体的な事業運営が可能。	社員相互の人的信頼を基礎とする会社である。社員は会社の債務について有限責任しか負担しない。内部関係においては民法の組合と同様の規律が適用される。	農事組合法人は協業を図ることにより組合員の共同利益を増進することを目的とするものであり、他の農業法人が企業的（資本的）であるのに対し、共同体的（労働的）であるといわれている。
構成員以外の者の従事制限	制限なし	制限なし	組合員及び組合員と同一の世帯に属する者以外の者が2/3以下

(2) 合名会社

会社法に基づく会社で、家族的な少数社員のときは有効といえます。経営規模は小さく会社形態のなかでは原始的とされていますが、事業の目的は企業としての利益追求です。

会社の信用は社員にあり、人的会社と呼ばれ、全員が連帯をして個人の財産まで無限責任を負うことになります。

(3) 合資会社

会社法に基づく会社で、合名会社に準じて準人的会社といわれています。出資をより集めることができるように有限責任が加味されています。

社員は２人以上で、有限責任社員と無限責任社員の双方がいます。

(4) 合同会社

会社法に基づく会社で、社員の全部が会社債権者に対して、出資の価額を限度として間接に責任を負う有限責任社員からなる会社をいいます。社員の個性が重視され、社員間の人的信頼関係を基礎とした会社運営がされる点で、合名会社、合資会社と似ています。そのため、会社法では、合名会社、合資会社及び合同会社の３種の会社を「持分会社」として共通の定めをしています。

合同会社は、平成18年５月１日に施行された会社法によって創設された制度です。

(5) 農事組合法人

農事組合法人は、農業協同組合法に基づく法人です。この法人は、同法において「農事組合法人は、その組合員の農業生産についての協業を図ることによりその共同の利益を増進することを目的とする。」と定められています。

同法では、農事組合法人が行える事業として、①共同利用施設の設置及び農作業の共同化、②農業経営（農業経営農事組合法人）、③①及び②に附帯する事業が列挙されており、このうちいずれか１つを行っても、２つ合わせて行っても差し支えありません。①だけの法人の場合は農業経営を行わないため、農地所有適格法人にはなれません。

組合員は、①だけの法人の場合は農民、②の場合は農民、農業協同組合、現物出資を行った農地中間管理機構、法人の事業の関連事業者で定款で定めるものとされています。

出資は１口の金額が均一であれば、金額に制限がなく、①だけの場合は非出資組合でも設立することができます。なお、非出資組合の場合は②の事業を行うことはできません。組合員は、各々１個の議決権を有します。

農業法人の設立

第2 農地所有適格法人

1．農地所有適格法人の要件

(1) 農地所有適格法人の４要件

「農地所有適格法人」は農地の権利を取得して農地を耕作し、農業経営を行うことのできる法人のことをいい、農地法第２条第３項で定義されている名称です。

「農地所有適格法人」とは、次に掲げる４つのすべての要件を満たすことによって、農地法等で農地の権利（所有権又は使用収益権）を取得して農業経営を行うことのできる法人のことを称しています。この４つの要件のうち１つでも欠けていると、農地の権利を取得して農地を利用した農業経営を行うことはできません。また、農地の権利を取得して農業経営をしている農地所有適格法人がこれらの要件を欠くことになった場合には、農業委員会はその法人に対して必要な措置を講ずべきことを勧告し、その勧告に基づいた是正ができなかった場合には、最終的には国はその農地を買収することになるなど一定の規制を受けることになります。

ア　法人の組織形態要件

イ　事業要件

ウ　議決権要件

エ　役員要件

(2) 法人の組織形態要件

農地所有適格法人になることができるのは、農地法によって次の５つの組織形態に限られています。

ア　会社法人

① 株式会社（公開会社でないものに限る）

株式の全部につき譲渡制限のあるものに限り認められます。また、株式会社には特例有限会社を含みます。

② 合名会社

③ 合資会社

④ 合同会社

イ　組合法人

⑤ 農事組合法人（主たる事業が農業経営）

農協法第72条の10第１項第２号の農事組合法人で、同項第１号の組合員のための共同利用施設の設置及び農作業の共同化の事業を併せ行うものを含みます。

※株式譲渡制限のある株式会社による農地取得の経過

株式会社は、株式譲渡の自由の原則にたち、株主が変動しやすい性格を有するため、株式の譲渡、取得によっては農業者以外の支配が強くなることが予想されたため、農業生産法人の制度創設以来認められていませんでした。しかし、平成12年の第150回国会において経営管理能力の向上や対外的信用力の向上、就業の場の提供などにおいて株式会社が農業生産法人になることによって農業・農村の活性化につながるなど、株式会社の有利性を農業にも導入することが必要であるとして農地法の改正が行われ、平成13年３月１日からは株式譲渡制度の条件を付して農業生産法人の組織形態に加えられました。さらに、平成18年５月に施行された会社法により株式会社は公開会社と非公開会社とになり、農業生産法人の株式会社については、会社法２条５号に定義される公開会社「その発行する全部又は一部の株式の内容として譲渡による当該株式の取得について株式会社の承認を要する旨の定款の定めを設けていない株式会社をいう」でないもの（非公開会社）に限るとされました。

※リース方式での法人の農業参入の経過

なお、農業生産法人以外の法人の農業参入については、平成15年４月に施行された構造改革特別区域法により門戸が開かれ、平成17年９月より農業経営基盤強化促進法に基づく「特定法人貸付事業」となり、さらに平成21年12月に施行された改正農地法では貸借（使用貸借による権利又は賃借権に限られています）で一定の要件を満たす場合に農業への参入ができることになりました。この場合許可の要件として一般の場合の①取得農地を含むすべてを効率的に利用、②最低経営規模以上、③周辺地域の農地の効率的かつ総合的な利用に支障がないこと（農業生産法人であること及び農作業常時従事要件は除外されます）などに加えて、㋐農地を適正に利用していない場合には、貸借を解除する旨の条件を契約していること、㋑地域の農業における他の農業者との適切な役割分担の下に継続的かつ安定的に農業経営を行うと見込まれること、㋒業務を執行する役員１名以上が農業に常時従事していることを満たす必要があります。

また、農地の権利の取得を必要としない養鶏や養豚などの農業に関する事業を行うことは農地法等の制度では制限していませんし、山林や原野などの開墾による農地造成によって、農地所有適格法人以外の法人が農業経営を行うことも可能です。

(3) 事業要件

ア　事業の範囲

農地所有適格法人の行う事業は、「主たる事業が農業（関連事業を含む）」であれば他の事業を併せて行ってもよいこととなっています。なお、農事組合法人の場合は、農協法による一定の制約があります。

①　ここでいう「農業」の中には、耕作、養畜、養蚕等の業務のほか、その業務に必要な肥料・飼料等の購入、通常商品として取り扱われる形態までの生産物の処理（例えば野菜・果実の選別・包装）及び販売までが入ります。

②　また、この「農業」には、その法人の行う農業に関連する事業であって、㋐農畜産物を原料又は材料として使用する製造又は加工の他、㋑農畜林産バイオマス発電・熱供給、㋒農畜産物の貯蔵・運搬又は販売、㋓農業生産に必要な資材の製造、㋔農作業の受託、㋕農村滞在型余暇活動に必要な役務の提供、㋖営農型太陽光発電が含まれ、また、農業と併せて行う㋗林業及び㋘農事組合法人の場合の組合員の農業に係る共同利用施設の設置又は農作業の共同化に関する事業も含まれます。

（注）　農事組合法人の㋘の事業は、利用分量の総額の５分の１以内であれば組合員以外にも利用させることができます。

イ　事業の範囲の判断基準

「法人の主たる事業が農業」であるか否かの判断は、その判断の日を含む事業年度前の直近する３か年（異常気象等により、農業の売上高が著しく低下した年が含まれている場合は、当該年を除いた直近する３か年）におけるその農業に係る売上高が、当該３か年における法人の事業全体の売上高の過半を占めているか否かによるものとされています。

設立直後の法人や農業に取り組んで間もない法人など「農業及び関連事業」の売上が３か年に満たない場合などは、事業計画（今後の見込み）を含めた３か年で判断します。

この場合の「農業の売上高」には、法人の行う農業と一次的な関連を持ち農業生産の安定発展に役立つ「農業に関連する事業」も含まれることは前述したとおりです。

なお、農地所有適格法人が、その他の事業を実施する場合においては、事業要件の充足状況を的確に把握すると共に、その法人の経営管理向上を図る等の観点から、農業とその他の事業とに明らかに分かるよう区分した勘定科目を設けるなどによって、指導上区分経理をすることが望ましいとされています。

また、地域の状況等から見て実施することがふさわしくないと考えられる事業（例えば、棚田の景観を保全する活動を行っている地域や、都市農村交流活動を行っている地域でその活動に悪影響を与えるおそれのある事業）を計画している場合には、事前に農地所有適格法人を含めた地域における協議の場において、これらの事業の実施について話し合いを行うよう農地所有適格法人に対して農業委員会などが指導を行うことが望ましいとされています（平成13年農地法改正施行通知第３の１⑴）。

農地所有適格法人の農業及び関連事業の例示

《農　　業》

1．耕　作
2．養　畜
3．養　蚕
4．・上記の業務に必要な肥料、飼料等の購入
　・通常商品として取り扱われる形態までの生産物の処理（例えば、果実等の選別・包装）
　・生産物の販売
5．農業と併せ行う林業経営（林業の作業受託を含む。例えば、山林を所有しない農地所有適格法人による枝打ち作業等の受託）
6．農事組合法人の場合は、農協法第72条の10第１項第１号の事業を含む
「農業に係る共同利用施設の設置（当該施設を利用して行う組合員の生産する物資の運搬、加工又は貯蔵の事業を含む。）又は農作業の共同化に関する事業」

《農業に関連する事業》

法人の行う農業と一次的な関連を持ち農業生産の安定発展に役立つもの

事業の種類	事業範囲の具体例
農畜産物を原料又は材料として使用する製造又は加工	○畜産食料品の製造 ○野菜缶詰・果実缶詰・農産物保存・食料品製造 ○精穀・製粉 ○パン・菓子製造 ○動植物油脂製造 ○製茶 ―ミカンを生産する農地所有適格法人が、その生産したミカンに加え、他の生産者から購入したミカンを原材料にジュースの生産を行う場合など― ○レストランの設置運営 ―当該農地所有適格法人で生産した米を使ったおにぎりや、生産した肉を使って、他から仕入れた米、パンや野菜等を添えたステーキを販売するレストラン等の設置運営をする場合など―
農畜産物の貯蔵・運搬又は販売	○普通・冷蔵倉庫による貯蔵 ○トラックによる運搬 ○農畜産物卸売 ○食肉小売 ○野菜・果実小売 ―ミカンを生産する農地所有適格法人が、その生産したミカンに加え、他の生産者が生産したミカンを貯蔵・運搬又は販売する場合など― ○直売施設の設置運営 ―当該農地所有適格法人で生産した農畜産物及び他の農家が生産した農畜産物を直接消費者に販売する場合など―
農業生産に必要な資材の製造	○肥料の生産 ○飼料の生産 ―肉用牛の一貫経営を行う農地所有適格法人が、その法人の肉用牛の飼育に使用する飼料に加え、他の畜産農家等へ販売のための飼料の製造を行う場合など―
農作業の受託	○稲作の基幹３作業の受託 ―当該農地所有適格法人の作業に加え、他の農家の作業を受託する場合など―
農村滞在型余暇活動への利用を目的とした施設の設置・運営・必要な役務の提供	○観光農園や市民農園（農園利用方式） ○農作業体験を行う都市住民等が宿泊・休養するための施設 ○上記宿泊・休養するための施設内に設置された農畜産物等の販売施設等 ○上記農園や施設内で行われる各種サービス
農畜林産バイオマス発電・熱供給	○農畜産物・林産物を変換して得られる電気供給や農畜産物・林産物を熱源とする熱供給
営農型太陽光発電	○農地に支柱を立てて設置する太陽光パネルの下で耕作を行う場合の電気供給

⑷　議決権要件

構成員、すなわち合名会社・合資会社・合同会社にあっては社員、株式会社にあっては株主、次に掲げる者[注]の有する議決権の合計が総議決権の過半を占めなければなりません。なお、農事組合法人にあっては、農協法による一定の制限があります。

①　その法人に対し、農地（農地、採草放牧地）を提供（農地の所有権の移転又は使用収益権（地上権、永小作権、使用貸借権、賃借権）の設定・移転）した個人又その一般承継人並びに設定若しくは移転に関し許可を申請している個人。農地中間管理機構を通して利用権設定をした農地の所有者も農地の提供者に該当します。

②　その法人の農業に常時従事する者

常時従事する者とは、次の基準に該当する者をいいます。

a　年間労働150日以上従事する者

b　150日未満でも次の場合

$$150日 > \frac{その法人の農業に必要な年間総労働日数}{法人の構成員の数} \times \frac{2}{3} \geqq 60日$$

構成員１人当たりの平均労働日数の３分の２以上、最低でも60日以上が必要労働日数とされています。

c　その法人の農業に従事する日数が年間60日未満の者にあっては次の場合

その法人に農地等を提供しており、かつ、次の２つの算式で算出される日数のどちらか大である日数以上その法人の事業に従事していること

$$A：60日 > \frac{その法人の農業に必要な年間総労働日数}{その法人の構成員} \times \frac{2}{3}$$

$$B：60日 > その法人の農業に必要な年間総労働日数 \times \frac{その構成員の農地等提供面積}{その法人の耕作又は養畜の事業の用に供している農地等面積}$$

③　当該法人に耕起、田植等の農産物を生産するために必要な基幹的な農作業の委託を行っている個人

④　その法人に農地等を現物出資した農地中間管理機構

⑤　地方公共団体、農業協同組合、農業協同組合連合会

⑥　農林漁業法人等投資育成事業を行う承認会社

⑸　役員要件

法人の運営に関する経営責任者は、株式会社では取締役、合名会社・合資会社・合同会社では業務執行権を有する社員、農事組合法人にあっては理事が当たります。

農地所有適格法人にあっては、会社組織の場合においては下記の要件を満たす必要があります。農事組合法人の場合においては理事は農民たる組合員に限られています。

農地所有適格法人の農業常時従事者である構成員が理事等の数の過半を占める必要があります。また、理事等又は省令で定める使用人のうち１人以上の者が、その法人の行う農業に必要な農作業に年間60日（その理事等がその法人の行う農業に年間従事する日数の２分の１を超える日数のうち最も少ない日数が60日未満のときはその日数（例えばその理事等がその法人の農業に常時従事する日数が100日なら50日をこえる最小の日数である51日））以上従事することが必要とされています。

また、「農作業」とは、耕うん、整地、播種、施肥、病虫害防除、刈取り、水の管理、給餌、敷きわらの取りかえ等耕作又は養畜に直接必要な作業をいいます。したがって、耕作又は養畜の事業に必要な帳簿の記帳、集金等は農作業には含まれません。

ア　他の法人からの出向者等の場合

農地所有適格法人の業務執行役員について、他の法人からの出向者、他の法人の役員の地位を兼務する者、農業以外の事業を兼業するものなどについては、住所、農業従事経験、給与支払い形態又は所得源などからみて、当該法人の農業に常時従事するものであると認められない場合があります。

イ　業務執行役員のうち代表権を有する者

農地所有適格法人による農地等の効率的利用を図るためには、その法人の業務執行役員のうち代表権を有する者は、農業が営まれる地域に居住し、その行う農業に常時従事する構成員であることが望ましいとされています。

(6)　議決権要件・役員要件の特例

議決権要件と役員要件には、それぞれ特例があります。農地所有適格法人が子会社を設立し、その子会社も農地所有適格法人としたい場合、基盤法に基づく認定農業者制度を活用して次の特例の適用を受けることで、親会社からの出資や役員の兼務により要件を満たしやすくなります。また、複数のグループ会社で経営ノウハウを共有する等の効果が見込まれます。

議決権要件の原則

- 第2の1の(4)で掲げた「農業関係者」が総議決権の過半を占めること
- 当該法人に出資する法人は農業関係者に含まれない**（＝総議決権の２分の１以上出資できない）**

議決権要件の特例
（基盤法第14条第1項）

- 認定農業者制度の農業経営改善計画に、関連事業者等からの出資を受けることを記載した場合、**当該出資は農業関係者の議決権割合としてカウント**される。
- さらに、出資者が農家個人又は農地所有適格法人の場合に限って、**２分の１以上出資することが可能**となる。

役員要件の原則

- 役員の過半が、その法人の農業に常時従事**（原則年間150日以上）**すること
- 役員又は重要な使用人が１人以上農作業に従事すること
- 子会社との**役員の兼務は１社まで**

役員要件の原則
（基盤法第14条第2項）

- 親会社の役員を子会社の役員と兼務させる場合、以下の要件を満たした上で、子会社が認定農業者の場合、当該農業経営改善計画に記載された兼務役員は、**子会社の農業に常時従事する構成員たる役員と同様**に取り扱われる。
- また、**２社以上の兼務が可能**となる。

①親会社が子会社の総議決権の過半を有する
②親会社が認定農業者かつ農地所有適格法人
③兼務役員が親会社の行う農業の常時従事者かつ親会社の株主である
④兼務役員が子会社の農業に30日以上従事する

<子会社の農業経営改善計画の記載イメージ>

子会社
※右の記載をした改善計画の認定による認定農業者

・総議決権の2分の1以上の出資
・30日以上従事する役員の兼務

親会社
（農地所有適格法人）
（認定農業者）

農業経営改善計画
【その他の農業経営の改善に関する現状と目標・措置】の欄

議決権要件の特例のための記載

・親会社の名称：●●●●株式会社
・出資額：●●円
・出資比率：●●%
・親会社が権利をもつ農地が所在する市町村名：●●村

役員要件の特例のための記載

・親会社が農業経営改善計画の認定を受けた市町村名：●●村
・兼務役員の氏名：●● ●●
・親会社における農業従事日数：●●日
・子会社における農業従事日数：●●日

＜認定農業者制度について＞

議決権要件・役員要件の特例を使うためには、親会社と子会社が認定農業者であることが必要です。この欄では、認定農業者制度について説明します。

認定農業者とは

認定農業者は、「効率的かつ安定的な農業経営」に向けて、５年後の経営目標とその達成のための取組内容を記載した「農業経営改善計画」を作成し、市町村等から認定された経営体です。

基盤法に基づく制度で、性別、年齢、専業・兼業の別、経営規模・所得、営農類型、個人・法人の別は問わず、認定を受けることが可能です。

地域の中心的な担い手として、様々な制度上の支援措置があり、2023年4月施行の改正基盤法による地域計画（地域の農地利用の将来像）の策定においても、主要な担い手として期待されています。

認定農業者になるには

認定農業者になりたい農業経営体は、農業を営む市町村へ農業経営改善計画を申請し認定を受けます。複数市町村で農業を営む場合は、手続きを簡略化するため、2020年4月から市町村に代わって都道府県または国に対し一括で認定の手続きができるようになっています。

同時に、利便性向上のため電子申請手続きが始まり、都道府県・国が認定を行う申請のオンライン申請が対応されました。2021年度からは、市町村認定の手続きもオンライン対応が順次拡大しています。

農業経営改善計画の記載事項

・農業経営の現状
・農業経営の改善に関する目標
（規模の拡大、生産方式の合理化、経営管理の合理化、農業従事の態様、その他の農業経営の改善）
・各目標を達成するためにとるべき措置

などを記載します。

認定農業者のメリットは

農地所有適格法人における議決権要件や役員要件の特例のほか、認定農業者には以下のような様々な制度上の支援措置があります。

①経営所得安定対策

■畑作物の直接支払い交付金（ゲタ対策）

→麦・大豆等のコスト割れの補填

■米・畑作物の収入減少影響緩和交付金（ナラシ対策）

→米・麦・大豆等の収入減少に対するセーフティネット

②融資

■農業経営基盤強化資金（スーパーL資金）、農業近代化資金

→農業用機械・施設の整備等に必要な資金を借りたい場合の低利融資

■資本性劣後ローンの融資

→借入金であっても資本とみなすことができ、財務基盤の強化につながるローン

③税制

■農業経営基盤強化準備金制度

→経営所得安定対策等の交付金を準備金として積み立てた場合、積立額を必要経費・損金算入でき、それを活用して農地等を取得した場合に圧縮記帳が可能となる制度（青色申告が要件）

④その他

■農業者年金の保険料補助

→一定の要件を満たす場合、月額保険料2万円のうち1万円から4千円の国庫補助を受けられる

■加工・販売施設等に係る農地転用許可手続きのワンストップ化

→農業経営改善計画に加工・販売施設等の整備について記載し、認定を受けた場合、農地転用の許可があったものとみなす

認定農業者の組織化について

各地域単位で認定農業者の組織化がなされ、認定農業者相互の連携と情報交流などを通じて、地域のリーダーとして効率的かつ安定的な経営の確立を目指すための活動が行われています。

農業委員会ネットワーク機構では、「認定農業者等の組織化や運営支援」に取り組んでおり、県段階や全国段階の組織活動を進めています。

制度上のメリットのみならず、相互研さんや関係機関への意見提出など、営農をより発展させることに繋がります。農業経営改善計画の５年後目標を適切に達成していくためにも、認定農業者になったら積極的に参画することをお勧めします。

(7) 農地所有適格法人要件の適合状況の把握と指導

ア　農地所有適格法人に対する適正化指導

農地所有適格法人については、その要件適合性を担保し、懸念を払拭するための措置として、農業委員会への農地所有適格法人の事業状況の報告等が農地法の中で明確にされています。

具体的には、以下のような措置が講じられることとなりました。

① 農地所有適格法人の農地等の権利取得時における農業委員会の審査（農地法施行規則第11条６号）

② 農地所有適格法人の農業委員会への事業状況等の毎年の報告（農地法第６条第１項）

③ 農業委員会による農地所有適格法人の要件を満たさなくなるおそれのある法人に対する勧告（農地法第６条第２項）

④ 農業委員会による法人の事務所等への立入調査（農地法第14条第１項）

なお、農業委員会による勧告（農地法６条２項）を受けた法人が農地所有適格法人の要件を欠いた際に、要件の充足に努めなかったり他の農業者への農地等のあっせんを受け入れず、農地等の権利を所有し続ける場合には、最終的な手段として国による買収の措置が講じられることとなっています（農地法９条１項）。

さらに、農地法違反などに対する抑制力を高めるため、違反者には次のような罰則が設けられています。

① 違反転用の場合などの罰則は３年以下の懲役又は300万円（農地転用は法人の場合１億円）以下の罰金とする。（農地法第64条及び第67条）

② 偽り、その他不正な手段により農地等の権利移動などの許可を受けた者は３年以下の懲役又は300万円以下（農地の違反転用は法人の場合１億円）の罰金とする。（農地法第64条２号）

③ 農地法６条１項に基づく農業委員会への定期報告をしなかった者、あるいは虚偽の報告をした者は30万円以下の過料とする。（農地法第68条第１項）

イ　農業委員会への定期報告

（203頁参考資料第２―２（様式）（事務処理要領様式例第５の１）「農地所有適格法人報告書」参照）

農地所有適格法人の要件が適切に充足されているかどうかを確認するため、農地所有適格法人には、毎年、農林水産省令で定められた事業の状況等について「農地所有適格法人報告書」を農業委員会に報告することが義務づけられています（農地法第６条１項、同施行令第16条、同施行規則第58条、同施行規則第59条）。

この報告書は、毎事業年度の終了後３か月以内に農地所有適格法人が農地等の権利を有する所在地を管轄する農業委員会（該当する農業委員会が複数ある場合は、その複数の農業委員会）に提出する必要があります。

また、農地所有適格法人が農地所有適格法人でなくなった場合や一般承継人についても、事業年度終了後３か月以内に農業委員会に報告書を提出することが求められています。

農業委員会では農地所有適格法人から提出される定期報告や農地所有適格法人に係る農地等の権利取得の審査、農業委員会による日常的な指導・助言等の活動を通し、それらの情報を「農地所有適格法人要件確認書」に随時取りまとめ、農業委員会事務局に備え付けることとなっています。

（注）　主たる事務所が管轄区域外にある農地所有適格法人に対して、農地等の権利設定や権利移転に係る許可又は農用地利用集積計画の公告がなされた場合に、当該農業委員会は、その法人を管轄する農業委員会と連絡調整を密にすることが望ましいとされています。

ウ　法人事務所への立入調査

法人事務所等への立入調査は、農地法第14条に基づき農業委員会が農業委員又は職員に行わせるものです。

この立入調査は、農地法第６条第１項の報告のほか、農業委員会等に関する法律第35条第１項の規定に基づく報告、調査等により、農地所有適格法人の各要件を満たしているかどうか確認に努めてもなおその確認のために必要な場合に限って行われます。

なお、立入調査に当たっては、当該調査時に、立ち入る事務所等の責任者の立ち会いが求められ、また、法人の営業時間に行うことが望ましいとされています。

２．農地所有適格法人と農地法

⑴　農地所有適格法人の農地取得

農地所有適格法人は、「農地等」の所有権を法人として取得することができ、また、他人の農地等に地上権や永小作権を設定したり、あるいは賃借権、使用貸借による権利の設定・移転により借りて農業を営むことができます。

⑵　構成員に認められる特例

農業経営基盤強化促進法等の一部を改正する法律（一部改正法）による改正前の農業経営基盤強化促進法（旧基盤法）においては、農地所有適格法人の構成員が受ける農地等の利用権の設定等と、その構成員がその法人に対して行う利用権の設定等を、１つの農用地利用集積計画において行う場合に限って、構成員がその法人に利用権の設定等を行うための利用権設定等を受けることができました（旧基盤法第18条第３項第２号ただし書き）。

一部改正法では、市町村が定める農用地利用集積計画と農地中間管理機構が定める農用地利用配分計画を統合し、農地中間管理機構が新たに農用地利用集積等促進計画を策定することとされました。

一部改正法の施行日（令和５年４月１日）から２年を経過する日（その間に地域計画が策定・公告されたときは、公告の日の前日）までの間は農用地利用集積計画を定めることは可能ですが、それ以降は農地中間管理機構の農用地利用集積等促進計画に移行することとなります。

この農用地利用集積等促進計画に係る構成員に認められる特例については、一部改正法による改正後の農地中間管理事業の推進に関する法律等（改正機構法等）で同様の措置が講じられています（改正機構法第18条第５項第２号ただし書き、同施行令第２条第４号、同施行規則第14条第４号）

なお、改正基盤法では、同法による農地中間管理機構が行う特例事業（農用地等の所有権の移転等）に関する事項についても、農用地利用集積等促進計画に含めることができるとされ、構成員に係る特例についても同様の措置が講じられています（改正後の基盤法第11条第２項、同施行令第３条第６号、同施行規則第12条第５号）。

(3) 農地所有適格法人が要件を欠いた場合

農地所有適格法人が４つの要件のうち、ひとつでも要件を欠くと、農地所有適格法人ではなくなり、次のように農地等に関する措置がなされるので注意しなければなりません。

ア　農地所有適格法人の要件を欠いた後、一定の猶予期間を経ても要件が満たされないときは、その法人の所有する農地等およびその法人に貸し付けられている農地等は、最終的に国が買収することとなります。ただし、その法人が未墾地を取得して農地等としたものなどはこの買収の対象になりません（農地法第７条第１項）。

イ　農地所有適格法人が要件を欠いた場合、農業委員会はその法人の所有する農地等およびその法人に貸し付けられている農地等を買収すべき農地等として公示し、その所有者に通知します。また、この公示の翌日から起算して１か月間は農業委員会の事務所で公示された事項を記載した書類を縦覧することになります（農地法第７条第２・３項）。

ウ　公示が行われた場合、その法人は３か月以内に再び農地所有適格法人の要件を備えるよう努め、その要件をすべて満たすに至った旨の届け出があり、かつ、農業委員会の審査の結果その届け出が真実であると認められたときは、公示は取り消され、国は買収をしないことになります（農地法第７条第５項～同第７項）。

エ　公示が行われた翌日から起算して６か月以内に農地所有適格法人の要件を回復するこ

とができなかった場合、または農地所有適格法人の要件を満たすに至った届け出が真実であると認められない旨の公示があった場合は、その公示が行われる日の翌日から起算して３か月以内に所有権を譲渡し、賃借権等の解除･解約をしたときは買収されません（農地法第７条第８項）。また、農業委員会はその法人の買収対象となる農地等の譲渡について申し出があった場合にはあっせんを行うこととなります（農地法第７条第９項）。

なお、この期間を過ぎても他者への譲渡が行われない場合は、その農地等は国が買収することになります。

〈事務の流れ〉

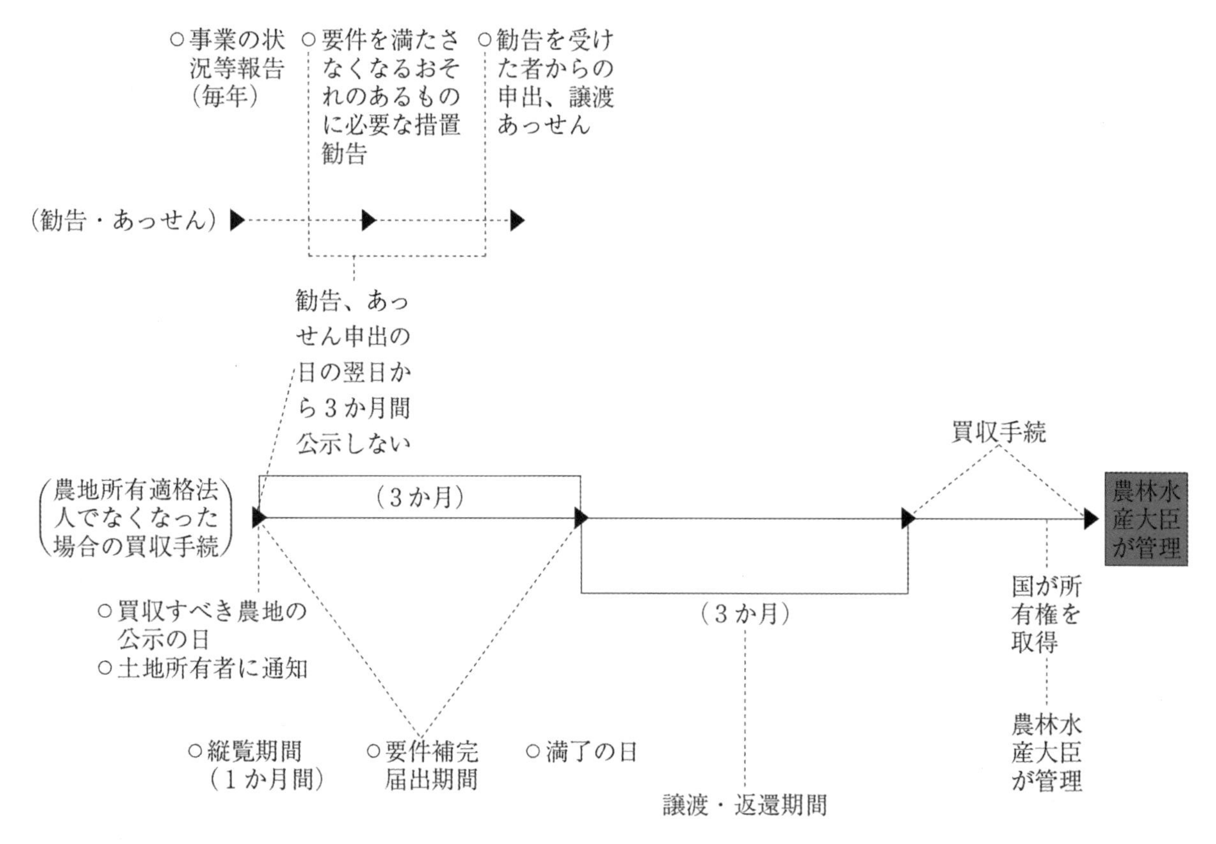

（買収手続）

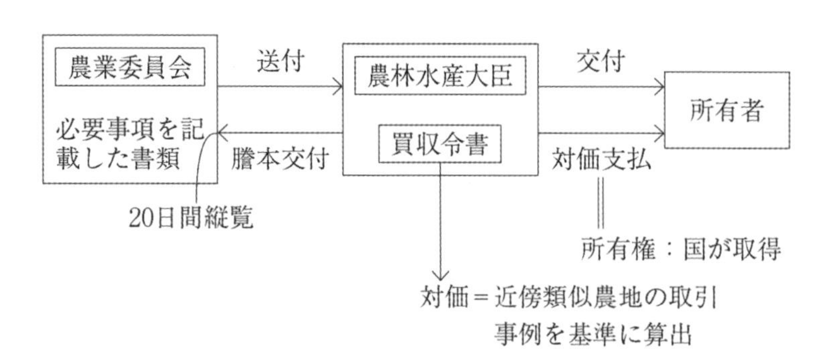

(4) 農地の取得

設立された法人が農地を取得して農業経営を行うには、農地所有適格法人の要件をすべて具備している必要があります。この要件が満たされていれば、農地所有適格法人として農業委員会の許可を受けて、農地等の所有権の移転、地上権、永小作権、質権、使用貸借による権利、賃借権若しくはその他の使用及び収益を目的とする権利の設定・移転を受けることができます。また、農業経営基盤強化促進法で市町村が作成する農用地利用集積計画によって、農地等の賃借権、使用貸借による権利又は農業経営の委託を受けることにより取得される使用及び収益を目的とする権利の設定・移転、所有権の移転を受けることができます。

(5) その他

農業を営む法人であれば、農業協同組合の定款の定めによって正組合員になることができます。

3．農地所有適格法人数

農地所有適格法人数は年々増え続け、令和３年１月時点で20,045法人（うち株式会社が8,068（40.2％）、特例有限会社が5,639（28.1％）、合名・合資・有限会社が730（3.6％）、農事組合法人が5,608（28.0％））となっています（図「農地所有適格法人数の推移」参照）。

営農類型別では米麦作が9,276法人（46％）と最も多く、そ菜3,889法人（19％）、畜産3,373法人（17％）、果樹1,337法人（7％）となっています（図「営農類型別の農地所有適格法人数」参照）。

農地所有適格法人数の推移

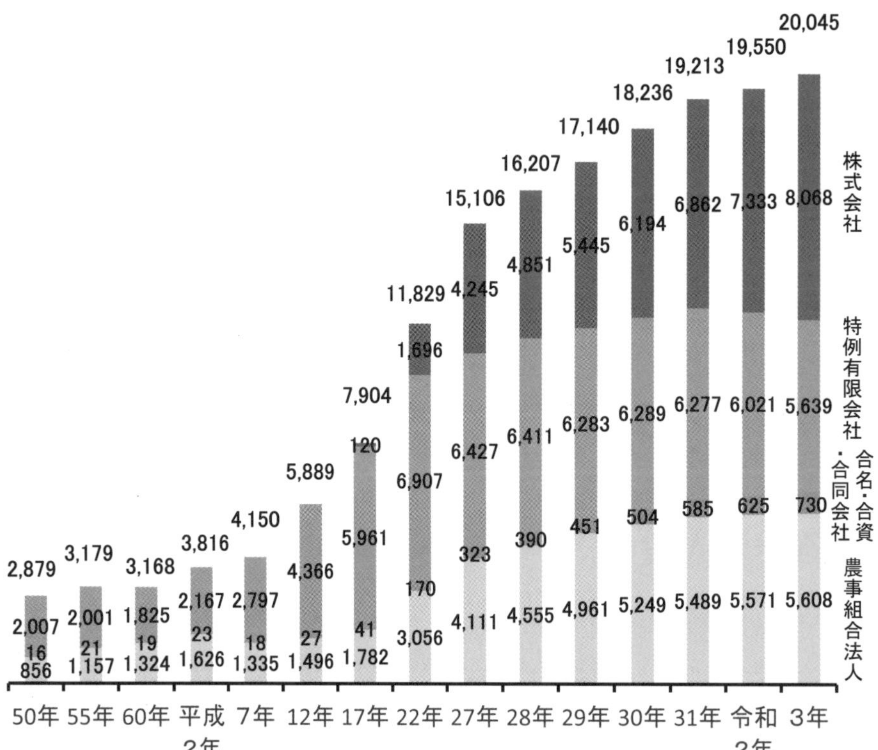

注:「特例有限会社」は、平成17年以前は有限会社の法人数。
農林水産省経営局調べ(各年1月1日現在)

営農類型別の農地所有適格法人数

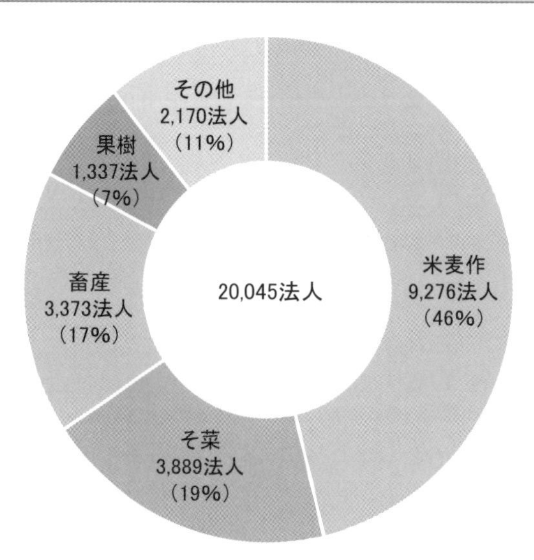

農林水産省経営局調べ(令和3年1月1日現在)

第3　会社法人と組合法人の比較

農業を行う法人の組織形態は、特に決まっているわけではありませんが、農地所有適格法人の場合においては、組織は会社法人と組合法人とに限られています。そこで、ここでは農業法人を設立する場合の検討材料としてこの両者の特質、相違点などを整理しておきます。

株式会社は、会社法で、取締役と株主総会を中心とした簡単な組織から、取締役会その他の機関を含んだ複雑な組織まで、各種構成することが可能です。また、従前有限会社として設立された会社も、「特例有限会社」という株式会社として存続することになりました。

ここでは、会社法人の株式会社と、組合法人の農事組合法人との比較を行います。

法人化を希望する農業経営者としては、自分の経営や諸条件と法人の制度を比較検討し、いずれが適合するかをよく見きわめることが必要でしょう。

1．目　　的

(1)　株式会社

株式会社は、会社法により「会社がその事業としてする行為及びその事業のためにする行為は、商行為とする」と定められています。営利行為を目的としてより企業体的であるといえます。

(2)　農事組合法人

農事組合法人は、農協法において「その組合員の農業生産についての協業を図ることにより、その共同の利益を増進することを目的とする」と定められています。共同の利益増進を目的としてより共同体的であるといえます。

2．事　　業

会社法人と農事組合法人の事業については以下のとおりですが、農地を必要とする農地所有適格法人の場合には、農地法の規定によって、直近する過去３か年の農業（その行う農業に関連する事業であって農産物を原料又は材料として使用する製造又は加工、販売等の事業を含む）に係る売上高が、その法人の全体売上高の過半を占めている必要があります。

⑴　株式会社

株式会社等の会社法人の場合は、組織を規定している会社法の上からはどんな事業でも自由に行えるように特に制限はなく、営利事業一般を行うことができます。ただし、株式会社が農業経営を行うために農地の権利を取得する場合には農地法で事業が農業（関連事業を含む）が過半であること等の要件を充足する農地所有適格法人になるか、あるいは農地所有適格法人にならないで解除条件付の使用貸借による権利又は賃借権を取得するか等の一定の制約があります。

⑵　農事組合法人

農事組合法人の事業には、①農業に係る共同利用施設の設置（当該施設を利用して行う組合員の生産する物資の運搬、加工または貯蔵の事業を含む）又は農作業の共同化に関する事業（これを１号法人といいます）と②農業経営（その農業に関連する事業及び農業と併せ行う林業の経営を含む）（これを２号法人といいます）とがあります。

この「農業経営」に含まれる、その行う農業に関連する事業は、次に掲げるものです。

ア　農畜産物を原材料として使用する製造又は加工

イ　農畜産物の貯蔵、運搬又は販売

ウ　農業生産に必要な資材の製造

エ　農作業の受託

オ　農山村滞在型余暇活動施設の設置・運営、役務の提供

カ　営農型太陽光発電の実施

また、これら事業に附帯する事業もできることとなっています。これらは、①と②を併せ行ってもよいし、どちらか１つでもよいわけです。

１号法人の方は、機械や施設を所有して組合員に共同利用させたり、田植えや防除等の共同作業を組織・指導したり、施設の員外利用ができるもので、それ自体としては農業経営を行いません。

２号法人は、法人自体が耕作、養畜、養蚕などの農業経営と農業に関連する事業を営むもので、生産から販売まで自己の危険と責任において事業を遂行するものです。その意味でこの法人は、農業経営農事組合法人といわれています。

この農業経営農事組合法人に農業と併せ行う林業の経営が認められているのは、山林等においては、農業と林業が相互に密接な関係にあることを考慮したものです。

３．出資制か否か

株式会社や合同会社など会社法人はすべて出資制となっています。

農事組合法人には、出資制農事組合法人と非出資制農事組合法人とがあります。

非出資制農事組合法人は、共同利用施設あるいは農作業の共同化に関する事業のみに限られています。したがって、農業経営を行う農事組合法人、つまり農地所有適格法人たる農事組合法人は、出資制の農事組合法人でなければならないことになります。

なお、税制上では、農事組合法人のうち確定給与を支払わず、従事分量配当としている法人については、法人税法上の「協同組合等」の扱いとされ、確定給与を支払うものは「普通法人」と分類されています。

4．構成員（出資者）

(1) 株式会社

株式会社の構成員は、構成員たる社員の地位が細分化された割合的単位たる株式という形式をとっている関係から、これを株主と呼びます。この株主の資格は、会社法においては特に制限はなく、したがって農民である必要はなく、法人も株主になることができます。

人員についても別段の制限はありません。したがって、集落営農のような多くの人員が参加する法人もつくることができます。ただ、農地を利用する農地所有適格法人として設立する場合は、「議決権要件」（34頁参照）を満たす必要があります。

(2) 農事組合法人

農事組合法人の構成員は組合員がなります。この組合員としての資格を有する者は、①農民、②農業協同組合、農業協同組合連合会、③その農事組合法人に農用地等の現物出資を行った農地中間管理機構、④その農事組合法人の事業に係る物資の供給若しくは役務の提供を受ける者又は当該事業の円滑化に寄与する者で政令に定める者、と農協法に定められています。ここで①の農民というのは、農業を営む個人だけでなく、農業に従事だけしている個人も含まれます。したがって、例えば、家族の者を組合員として1家族だけでも農事組合法人がつくれます。

もっとも、農事組合法人の構成員数は、３人以上でなければならないとされています。

なお、農業経営を行う農事組合法人において、①の組合員が加入後農民でなくなった場合でも、組合員とみなされます。そして、その者の数と④の組合員数を合わせた数は、総組合員の３分の１になるまでは認められます。

5．出資の履行

(1) 株式会社

株式会社の株主となるための出資の履行は、金銭出資又は現物出資によってなされます。株式会社の場合には、設立又は株式の発行の際、株主になろうとする者が会社に対して払い込み又は給付した財産の額をもとに「資本金」制度がとられています。ただ、会社法では、最低資本金制度は廃止になり、設立の際に準備する出資金総額についての制限はありません。

また、出資の履行をした株主は、会社の債務者に対して直接責任を負担しない仕組みをとっている（有限責任制度）関係上、会社に対する出資の履行の確保を図る制度がとられています。

たとえば、金銭出資の払い込みは、銀行等払込取扱機関たる金融機関にする必要があります。ただ、払い込みの証明にあたっては、発起設立という方法の場合には、預金通帳の写し等を利用して作成した払い込みを証する書面を用意することで足ります。金融機関の発行する出資払込金保管証明書は必ずしも必要ありません。

また、不動産等の現物出資をするには、その評価額と実際の価額に大きな隔たりがないようにしなければなりません。そこで、現物出資等をなす場合には、原則として定款への記載と裁判所の選任した検査役の調査が必要となります。ただ、これらの例外として、少額の財産、市場価格のある有価証券あるいは不動産について不動産鑑定士の評価に基づく弁護士の証明のある場合等については、これらの手続は必要ありません（農事組合法人はこの制度の適用はありません）。

払い込みの方法は、農事組合法人のように分割払いの方法はなく、金銭出資は一括払い込み、現物出資はその財産全部の引き渡しを要することになっています。

(2) 農事組合法人

農事組合法人には出資組合と非出資組合があります。非出資組合の場合は農業経営を行うことはできません。つまり、農地所有適格法人たる農事組合法人は出資制でなければなりません。

農事組合法人の出資は、金銭出資と現物出資の２種類です。出資１口の金額は均一でその金額に制限はありません。農事組合法人は、株式会社と同じ意味での資本金制度はとられていませんが、組合員の責任は、出資額を限度とする有限責任ですので、その設立の際、出資の履行を確保することが必要です。

払い込みの方法は、金銭出資の場合は分割払いも可能ですが、現物出資については第

１回払い込みの際に一括で引き渡すことになっています。

現物出資については、農事組合法人の成立の時における現物出資の価額が定款に記載された価額に著しく不足するときは、発起人及び設立時の理事は、農事組合法人に対し、連帯して、不足額を支払う義務を負うことになります。

また、農事組合法人の成立後、現物出資を行う者の出資の目的となる財産の出資当時の価額が財産の出資についてされた定款の変更の決議により変更された定款に記載された価額に著しく不足するときは、議決に賛成した組合員は農事組合法人に対し、連帯して、不足額を支払う義務を負うことになります。

なお、これらの義務は、総組合員の同意がなければ免除することができません。

これらのことから、出資時の適正な評価が必要になります。

(3) 出資の確保

法人を設立して起業しようとする者にとって、現実に出資の履行をしなければならないということは、起業化に向けて１つのハードルになります。ただ、法人の出資金は事業の運営上多ければ多いほど設備資金の調達や運転資金の潤沢さの観点から望ましいといえます。また、法人設立後の資金繰りを考えると設立当初から必要資金をしっかりと計算して出資金を定めるのが賢明だといえます。通常は初めに資本金あるいは出資金ありきではなく、現実には「資産合計－負債＝純財産（資本金）」のように計算し、これを基本に資本金あるいは出資金を定めます。これらの事柄を考えると最初から適正な資本金あるいは出資金を算定して法人を設立されることが望ましいといえます。

6．議 決 権

株式会社と農事組合法人との性格の違いは、この議決権のあり方にもっとも端的にあらわれています。株式会社は１株１議決権主義であり、農事組合法人は１人１議決権主義となっています。このことは、前者が資本中心的な考え方に基づいており、後者が人的結合組織として労力中心的となっているからです。これは、最初に述べたように、両者の目的の違いからきていることです。

もっとも、株式会社の１株１議決権の原則は、会社法により定款で別段の定めをすれば、弾力的な運用が図れるようになっています。

これに対し、農事組合法人は１人１議決権となっており、定款で例外を記載しても認められないという厳格な取り扱いとなっています。

7．役　　員

⑴　株式会社

株式会社は、１人以上の取締役を置くことが必要となっています。この取締役は、農事組合法人の場合と違って、定款で株主に限定していない限り、株主以外の者でもなることができます。ただし、農地所有適格法人の場合は役員要件を具備することが必要です。

その他株式会社の役員として、監査役を必ずしもおく必要はありません。また、貸借対照表等の計算書類の対外的信用性を高めるために会計参与を置くことができますが、あくまでも任意の役員ということになります。ただ、監査役も会計参与も置かない株式会社の場合には、その分、株主総会による取締役等の会社経営者に対する監視が重要になってきます。

⑵　農事組合法人

農事組合法人の役員は、理事を１人以上置くこととし、監事は置いても、置かなくてもよいとされています。

また理事は、組合員でなければならず、員外理事は認められていません。

8．剰余金の処分

⑴　株式会社

会社についての剰余金の処分は、会社法で定められています。株式会社は、株主総会の決議によって、損失の処理、任意積立金の積立てその他の剰余金の処分をすることができることになっています（会社法第452条）。

会社法により、分配可能額を超えなければ、株主総会の決議によりいつでも自由に剰余金の配当を行うことができるようになりました。このため、従来、作成していた利益処分案は不要になり、新たに株主資本等変動計算書を作成することになりました。また、株式会社では、これまで出資の口数に応じた配当が原則でしたが、出資の口数によらず、定款の定めによって配当が行えるようになりました。

株式会社は、剰余金の配当をする場合には、基準資本金額（資本金の４分の１）に達するまでは、剰余金の配当により減少する剰余金の額に10分の１を乗じて得た額を利益準備金（又は資本準備金）として計上しなければなりません（会社法第445条）。なお、基準資本金額を超えて積み立てた利益準備金は、任意積立金として取り扱われることになります。

⑵　農事組合法人

一方、農事組合法人の剰余金の処分は、農協法で定められています。農事組合法人は、事業年度ごとに剰余金処分案（又は損失処理案）を作成しなければなりません（農協法第72条の25）。また、出資農事組合法人は、繰越損失がある場合はまず損失をうめ、利益準備金や資本準備金を控除した後でなければ、剰余金の配当をすることができません（農協法第72条の31）。

農事組合法人の場合、配当の有無にかかわらず、定款で定める額に達するまでは、毎事業年度の剰余金の10分の１以上を利益準備金として積み立てなければならないとされています。農事組合法人の場合、出資配当のほか、共同利用施設の設置（１号）の事業を行う場合には利用分量配当を、農業経営（２号）の事業を行う場合には従事分量配当を行うことができます。ただし、出資配当については、農協法施行令第41条で年７％以内の割合に制限されています。

9．税　　金

会社法人の場合は、普通法人として法人税が課税されます。普通法人の場合の法人税の税率は原則として23.2％ですが、資本金１億円以下の中小法人に該当するときは年800万円以下の所得の部分について税率が15％に軽減されます。一方、農事組合法人の場合は、普通法人に該当する場合と、法人税法上の協同組合等に該当する場合とがあります。協同組合等に該当する場合は、他の協同組合等と同様の取り扱いとなります。

なお、農業経営（２号）の事業を行う農事組合法人は、いわゆる「確定給与」を支給しない場合に限って、協同組合等として取り扱われます。確定給与とは、農事組合法人の事業に従事する組合員に対して支給する給料、賃金、賞与その他これらの性質を有する給与のことをいいます。なお、「役員又は（事務に従事する）使用人である組合員に対し給与を支給しても、協同組合等に該当するかどうかの判定には関係がない」ため、原則として協同組合等として取り扱われます。

農事組合法人には、次のような税制上の特例があります。

ア　農業に対する事業税の非課税

農地所有適格法人である農事組合法人が行う農業については事業税が非課税となっています。ただし、農産物の仕入販売や農産加工、施設畜産は、非課税となる農業の範囲から除かれます。また、農作業受託は、原則として非課税の対象から除かれますが、その収入が農業収入の総額の２分の１を超えない程度のものであるときは、非課税の取扱いがなされています。

イ　留保金課税・特殊支配同族会社の役員給与の損金不算入制度の不適用

農事組合法人は、組合法人であり、会社法人ではないので、同族会社に対する留保金課税（特別税率）は適用されません。

ウ　従事分量配当等の損金算入（協同組合等に該当する場合）

協同組合等に該当する農事組合法人が支出する利用分量配当及び従事分量配当の金額は、配当の計算対象となった事業年度の損金の額に算入することができます。

利用分量配当は共同利用施設の設置等の事業（１号事業）に対応するもの、従事分量配当は農業経営の事業（２号事業）に対応するもので、共同利用施設の設置などの事業を行わず、農業経営のみを行う農事組合法人は、利用分量配当を行うことはできません。なお、従事分量配当は、組合員にとっては事業所得となります。

エ　登録免許税の免除

農事組合法人の設立、解散、定款変更等の登録免許税が免除されます。

これは、農協法に基づく登記が登録免許税の課税対象外になっているためです。

オ　印紙税の非課税

農事組合法人が発行する出資証券の印紙税は非課税になります。

また、組合員が農事組合法人に対して行った取引の領収書（金銭の受取書）については、非課税物件のため、印紙税は非課税になります。

カ　不動産取得税の特例

① 農業近代化資金、株式会社日本政策金融公庫の融資を受けて取得した共同利用施設（生産、保管、加工用家屋）については、その家屋の価額から、価額に借入金の割合を乗じて得た額が控除されます。

② 国の行政機関の作成した計画に基づく政府の補助を受けて取得した共同利用施設（生産、保管、加工用家屋）については、その家屋の価額から、価額に補助割合を乗じて得た額が控除されます。

キ　その他

このほか、新たに組合員になるものが支払った加入金の益金不算入などの規定があります。また、協同組合等の場合、法人税の税率が、課税所得金額が800万円を超える部分に19%と協同組合等の軽減税率が適用されるほか、事業税の税率も引下げ後、次の表２のように軽減されています。

表１　農事組合法人の形態別比較

⑴　出資制 〈出資農事組合法人〉	〈非出資農事組合法人〉
①　組合員は出資１口以上持たねばなりません。 ②　組合員の責任は間接有限で出資額が限度です。 ③　剰余金が出たときは配当金を受けることができます。 ④　農業経営を行うことができます。	①　組合員は出資する必要はありません。 ②　― ③　― ④　農業用施設などの共同利用、共同作業に限られます。
⑵　農業経営 〈農業経営を行う農事組合法人〉	〈農業経営を行わない農事組合法人〉
①　出資組合に限られます。 ②　常時従事者のうち組合員とその家族以外の者の数が３分の２以内とされています。 ③　農地の権利を取得するには、農地法上の農地所有適格法人の要件を備える必要があります。	①　出資組合でも、非出資組合でも差し支えありません。 ②　従事者に対する規制はありません。 ③　農地の権利を取得することは認められません。

表２　法人事業税の税率

	所得金額	税率	
		平成27年９月以前開始事業年度	平成27年10月以後開始事業年度
普通法人、公益法人等、人格のない社団等	年800万円超	6.7%	7.0%
	年400万円超800万円以下	5.1%	5.3%
	年400万円以下	3.4%	3.5%
特別法人※	年400万円超	4.6%	4.9%
	年400万円以下	3.4%	3.5%

※　法人税法別表第三に掲げる協同組合等

（注１）　法人事業税については、他に、平成15年度税制改正により、資本金１億円超の法人を対象とする外形標準課税制度が創設され、平成16年４月１日以後開始事業年度から適用されている。

（注２）　平成20年度税制改正により、地域間格差の税源偏在を是正するため、税体系の抜本的な改革が行われるまでの間の暫定措置として、平成20年10月１日以降に開始する事業年度から地方法人特別税が創設され、法人事業税が引き下げられた。

なお、税率引下げ後の法人事業税額に地方法人特別税額を加えた額が、旧税率による法人事業税額となる（地方法人特別税の創設前後で税負担に増減なし）。

（注３）　特別法人とは、法人税法別表第三の協同組合等及び医療法人をいう。

（注４）　法人事業税の非課税

次の法人が行う事業に対しては、事業税は課せられない。

①　国、地方公共団体及び土地改良区等の公共団体（地法第72条の４第１項）

②　農事組合法人（農地所有適格法人の要件を満たす者に限る。）が行う農業（地法第72条の４第３項）

株式会社と農事組合法人についての農地所有適格法人要件比較（26頁掲載のものに加えて）

区　分	株式会社 （定款に全部の株式の内容として譲渡制限の定めのあるものに限る）	農事組合法人 （出資組合に限る）
①目　的	営利の追求	組合員の共同利益の増進
②事　業	a　主たる事業が農業（関連事業を含む） b　その他事業は定めなし	a　同　左 b　機械や施設を設置して行う共同利用及び農作業の共同化 c　農作業及び農業と併せて行う林業 d　その農業に附帯及び関連する事業 実施できる事業の範囲は会社法人と比較して狭い
③構成員	（株主―1人以上、制限なし） a　農地の権利提供者 b　農業（関連事業を含む）の常時従事者 c　農作業委託者 d　農地を現物出資した農地中間管理機構 e　地方公共団体、農業協同組合、同連合会、農業法人投資円滑化法に基づく承認会社	（組合員―3人以上） a　同　左 b　同　左 c　同　左 d　同　左 e　農業協同組合、同連合会、農業法人投資円滑化法に基づく承認会社 f　産直相手の消費者や農作業の委託者など5年以上の契約を締結して法人の行う事業を利用する個人及び新技術の提供を行う企業など。ただし、fの構成員はみなし組合員を含めて3分の1を超えてはならない。 また、組合員及び同一世帯員以外の常時従事者数は、全体の3分の2を超えてはならない
④役　員	a　取締役（必置機関） ⓐ　取締役の過半は、農業（関連事業を含む）に常時従事する構成員。常時従事取締役又は省令で定める使用人のうち1人以上の者が原則として60日以上農作業に従事する構成員 ⓑ　1人以上（公開会社の場合3人以上） b　監査役・会計参与（任意機関） c　取締役：2年以内　ただし、定款で短縮又は10年以内に伸長すること可	a　理事（必置機関） ⓐ　理事の過半は、農業（関連事業を含む）に常時従事する構成員。常時従事理事又は省令で定める使用人のうち1人以上の者が原則として60日以上農作業に従事する構成員 ⓑ　1人以上 b　監事（任意機関） （構成員以外から選任可） c　3年以内で定款で定める d　組合員でなければならない
⑤法人の性格	a　営利追求を目的とした物的会社 b　農地所有適格法人の要件を具備するとともに、定款に株式の譲渡制限を要する	a　協業を図ることにより組合員の協同利益を増進することを目的としたもの ※他の法人が企業的（資本的）であるのに対し、共同体的（労働的）である b　農地所有適格法人の要件を具備しなければならない

区　分	株式会社 （定款に全部の株式の内容として譲渡制限の定めのあるものに限る）	農事組合法人 （出資組合に限る）
⑥地　区	定めなし	組合員の資格を有する区域の範囲（農協法のみ）
⑦設立手続き	（発起設立の場合） a　発起人の定款作成 b　公証人の定款認証 c　— d　発起人の株式の引受・払込み e　設立時取締役等の選任 f　設立手続の調査 g　設立登記 h　関係官庁への設立届出 （募集設立の場合） 設立時株式引受人の募集・割当て・払込み等の手続き 創立総会における設立時役員の選任、設立手続きの調査報告がなされる。	a　同　左 b　定款認証不要 c　設立同意の申出 d　社員総会（役員の選任） （定款に役員が定められていれば不要） e　出資の履行 f　— g　同　左 h　同　左
⑧設立後の手続き	a　農地の権利移転手続き b　社会保険等加入手続き c　—	a　同　左 b　同　左 c　行政庁への届出
⑨設立時の経費負担	a　定款認証原本 4万円収入印紙添付 b　定款認証手数料 4万円（収入印紙） c　定款謄本証明料 {250円×（定款の頁数＋1）}×謄本の数 d　設立登記の登録免許税 資本金×7／1000 （ただし最低15万円） e　その他 ⓐ　設立に当たって書類作成手続きを司法書士に依頼する場合は所定の報酬を支払う ⓑ　その他市町村役場等より交付を受ける印鑑証明書、法人の登記簿謄本等 f　設立手続き、登記などを司法書士等に依頼するかどうかによって異なるが総額で約25万円～50万円	a　— b　— c　公証人の承認手続不要（認証手数料不要） d　設立、定款の変更等の登記にかかる登録免許税非課税 e ⓐ　同　左 ⓑ　同　左 f　同　左 約3万円～10万円
⑩準備金、剰余金の配当	a　法定準備金 ⓐ　資本準備金 設立又は株式の発行に際して株主になる者が払込み又は給付した額の2分	a　法定準備金

区　　分	株式会社 （定款に全部の株式の内容として譲渡制限の定めのあるものに限る）	農事組合法人 （出資組合に限る）
	の１までは資本金とせずに、資本準備金とすることができる。 ⓑ　利益準備金 剰余金の配当の場合において、法務省令の定めるところにより、剰余金により減少する剰余金の額に10分の１を乗じて得た額を、資本金の額に４分の１を乗じた額に達するまでは資本準備金又は利益準備金として計上することを要する。 b　剰余金の配当 最終事業年度の末日時点における貸借対照表の剰余金の額を基準として、最終事業年度末日後の剰余金の変動要因を考慮して、自己株式の帳簿価格等を控除して剰余金分配可能額を計算する。その範囲内において株主総会の決議により株主に配当決定する。 c　役員賞与 支払うことができる。 （役員及びみなし役員に対する賞与は損金とならない。）	ⓑ　利益準備金 定款で定める額に達するまで剰余金の10分の１以上の金額を積み立てる b　配当 ⓐ　出資配当 各人の出資額に応じて年７分以内で行うことができる（受け取った者は配当所得）。 ⓑ　利用分量配当 組合員の事業の利用分量に応じて行うことができる。 ⓒ　従事分量配当 給与に代えて、組合員がこの組合の営む事業に従事した日数及びその労務の内容、責任の程度等に応じて行うことができる（受け取った者は事業所得、この場合必要経費はない）。 c　確定給与を支払う組合の場合（事業に従事した組合員に対して給与を支払う場合）には役員に対して賞与を支払うことができる。 （同　左）
⑪税　　金 ①　法人税 （国税）	a　― b　普通法人 ⓐ　資本金１億円以下 ⅰ　課税所得 800万円以下 15.0% ⅱ　課税所得 800万円超 23.2%　※１ ⓑ　資本金 １億円超　23.2%　※２	a　組合員に対し確定給与を支払わない組合（従事分量配当を行う場合） 19.0%　※３ b　組合員に対し確定給与を支払う組合…普通法人と同じ ⓐ　同　左 ⓑ　同　左

区　分	株式会社 （定款に全部の株式の内容として譲渡制限の定めのあるものに限る）	農事組合法人 （出資組合に限る）
②　事業税 （都道府県民税）	・すべて課税	・農地所有適格法人の行う農業（畜産業、農作業受託は除く（一定の場合は非課税））については非課税 ・農業以外、農地所有適格法人以外は課税
⑫持分の譲渡	・定款で、株式の内容として全部の株式につき当該株式会社の承認を得ることを定めること	・組合の承認を得なければその持分を譲渡できない。 ・非組合員が持分譲渡を受けるときは加入の例による必要あり
⑬形態変更	農事組合法人への形態変更不可能	株式会社、一般社団法人への形態変更可能

※１、※２　平成30年４月以後開始事業年度
※３　所得年800万円以下の金額についてのみ15％（800万円超の金額については19％）

第4　法人の設立手続き

Ⅰ　株式会社

1．設立の流れ

株式会社の設立は、会社法が定める手続きで行う必要があります。加えて、農地所有適格法人としての株式会社の設立は、定款において株式の譲渡に関する制限の事項を定め、事業要件、議決権要件、役員要件を具備しなければなりません。

株式会社の設立の方法は、発起設立と募集設立の2 種類があります。

発起設立は、会社の設立に際して発行する株式（「設立時発行株式」）の総数を発起人が引き受け、一般からの株主の募集はしないもののことをいいます。これに対して、募集設立は、発起人が設立に際して発行する株式の一部だけを引き受け、その残りの株式を一般から募集するものをいいます。

募集設立の場合は、創立総会の開催など手続きに手間がかかること、農地所有適格法人においては実際上構成員が限定されることなどから、株式会社の場合は、発起設立の方法によってなされるのが通常です。そこで、以下においては、発起設立の手続きを中心に説明していきます。

株式会社設立の流れ

法人設立の事前協議（農業委員会・農協等に相談……農地所有適格法人の場合はさらに農地法上の要件等を相談）
→ 発起人会の開催
→ 類似商号の調査（株式会社の場合）（（登記所）法務局）
→ 事業計画等の策定
→ 定款作成（（株式会社の場合）公証人の認証）
→ 出資の履行（金融機関）
→ 設立役員の選任
→ 設立取締役等による設立手続の調査
→ 設立の登記申請（（登記所）法務局）
→ 設立の登記完了
→ 代表者の資格証明書の交付申請　登記事項証明書・印鑑証明書（（登記所）法務局）
→ 税務署等諸官庁への届出（※農事組合法人の場合には、成立の日から2週間以内に、行政庁に届出必要）

定款作成から税務署等諸官庁への届出まで：最短で3週間程度

株式会社設立の流れ（発起設立の場合）

	事項・事務	行為者	期日	必要書類	摘要
発起人が行う設立行為	設立の事前打ち合わせ	発起人	随時		
	発起人会の開催	発起人			
	類似商号の調査	発起人			法務局で本店所在場所に同一あるいは類似した商号の会社がないか調べます
	事業計画等の策定	発起人			
	定款の作成	発起人共同		定款例（モデル）61 頁～参照	
	印鑑の調製				
	定款の認証	公証人役場		発起人全員の印鑑証明書、収入印紙、認証手数料	74 頁参照
	設立時発行株式に関する事項の決定	発起人			定款で定めることも可（69 頁参照）
	発起人による株式の引受け	発起人			77 頁参照。定款附則に記載する場合が多い。
	変態設立事項（現物出資等）があれば検査役の調査	検査役			77 頁参照
	発起人による出資の履行	発起人	株式引き受け後遅滞なく		78 頁参照
	設立時役員の選任及び就任	発起人			78 頁参照
取締役が行う設立行為	設立時取締役・監査役による設立手続きの調査	設立時取締役・監査役			79 頁参照
	設立登記申請書類作成	設立時取締役			81 頁参照
	設立登記申請	設立時代表取締役→法務局	設立時取締役の調査終了日あるいは発起人が定めた日のいずれか遅い方から２週間以内	設立登記申請書（81 頁参照、添付書類は 83 頁参照）、印鑑カード交付申請書（88 頁参照）	80 頁参照
	登記完了（設立）				
	登記事項証明書、印鑑証明書、代表者の資格証明書の交付申請				法務局
	税務書等諸官庁への届出				

2．定款の作成

⑴　発起人会の開催

株式会社の設立手続きに入るにあたって、予め決めておくべき事項があります。これらの事項を決めるにあたって中心的な役割を果たすのが発起人です。発起人とは設立の企画者として業務を行い、定款に署名又は記名押印をした者のことをいいます。

会社設立時に発行する株式のすべてを発起人が引き受ける方法（発起設立）によって株式会社を設立するのが一般的です。

このようにして発起人が確定したら、どのような会社にするのかを話し合うために発起人会を開催し、発起人会議事録を作成します。発起人が１人の場合には、発起人決定書がこれに代わります。

⑵　定款の記載

ア　定款の作成

定款は、会社の根本規則であり、会社設立の基本となるものです。したがって、定款の作成にあたっては、発起人全員で検討し、発起人全員の署名又は記名押印が必要になります。

実際には、定款例が一般に紹介されているので株式会社の設立にはこれを利用することができます。ただ、どのような株式会社を設立するかについては、会社法で、会社の規模あるいは全面的な株式の譲渡制限の有無によって、様々な選択肢が認められています。定款の定めによってかなり柔軟な組織構成にすることができますので、会社運営の方法や資金調達の方法などを考慮して、最も適当な定めを設けるべきです。

イ　株式会社の機関

会社法は、会社の仕組みについて法律に定めていますが、会社の自主的な判断を尊重し、定款で柔軟に株式会社の機関を決めることができます。

ただし、会社の規模と株式の譲渡制限の有無によっておのずと会社の機関の仕組みが決まってきます。

まず、会社の規模として「大会社」に該当するかどうかが問題となります。大会社とは、①最終事業年度に係る貸借対照表に資本金として計上した額が５億円以上であるか、又は、②最終事業年度に係る貸借対照表の負債の部に計上した額が200億円以上である会社をいいます（会社法第２条第６号）。

ただ、実際の農業法人として株式会社を設立する場合は、ほとんどが、これに該当しないのが一般的です。

つぎに、公開会社であるか否かが問題となります。公開会社とは、その発行する全部又は一部の株式の内容として譲渡による当該株式の取得について株式会社の承認を要する旨の定款の定めを設けていない会社のことをいいます。大規模な株式会社の場合、これが一般的です。

農業法人の場合、農地の権利を取得する場合がほとんどであり、その場合には、農地法の要件を満たす必要があります。農地所有適格法人の場合、この要件として「公開会社でないこと」が要求されています。

そこで、以下においては、大会社でなくかつ公開会社でもない株式会社の機関の仕組みについて検討します。

大会社でなくかつ公開会社でもない株式会社の機関

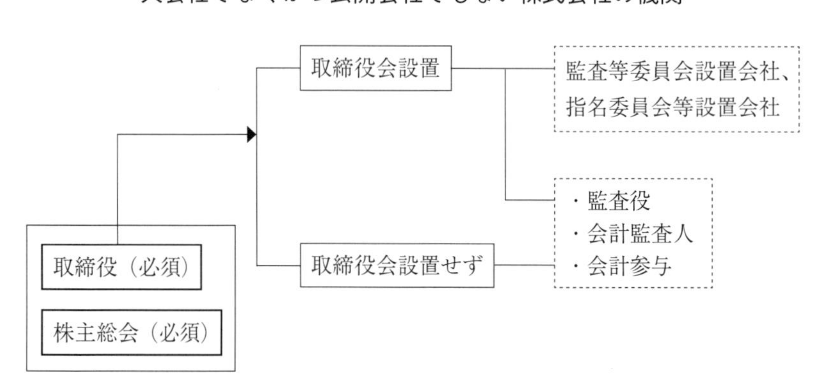

まず、株主によって構成される株主総会と業務執行を行う取締役は必須の機関です。株主の数が少なく、比較的株主総会の開催が容易な株式会社においては、株主総会と取締役だけで会社の機関を構成することができます。取締役の人数については制限がないことから、取締役は１人でも可能です。

これに対して、株式数・株主数もある程度多数となることが予定され、実際の経営判断も専門的で多岐にわたるような会社の場合であれば、会社の機関として、株主総会及び取締役以外に、定款の定めにより取締役会を設置することもできます。

また、その他任意の機関として、取締役の業務執行に対して監督する役割を期待して定款で監査役を設置することもできます。ただし、取締役会を設置したときは、監査役は必須となります。さらに、会社の計算書類の正確性を担保するために、取締役と共同して計算書類等を作成する機関として会計参与を定款で設置することもできます（会社法第326条第２項）。その他会計監査人の監査を受けるようにすることも可能です。

なお、取締役会を設置する会社においては、定款で定めれば、監査等委員により組織される監査等委員会が取締役の職務の執行の監査をする監査等委員会設置会社や、取締役会の決議によって選任された執行役が業務の執行に当たり、取締役がこれを監督する指名委員会等設置会社という仕組みも可能です（会社法第２条11の２号・第２条12号・第326条第２項）。

以下においては、最も簡単な機関構成をとった場合すなわち取締役が１名又は数名で取締役会を設置しない株式会社の定款のモデルと、取締役会を設置した場合の株式会社の定款モデルを挙げておきます。

ウ　取締役を１名又は数名とし取締役会を設置しない株式会社の定款モデル

①　総則に関する規定

> 株式会社○○ファーム定款
>
> 第１章　総則
>
> （商号）注１
>
> 第１条　当会社は、株式会社○○ファームと称する。
>
> （目的）注２
>
> 第２条　当会社は、次の事項を営むことを目的とする。
>
> １．農畜産物の生産販売
>
> ２．農畜産物を原材料とする食料品の製造販売
>
> ３．農畜産物の貯蔵、運搬及び販売
>
> ４．農業生産に必要な資材の製造販売
>
> ５．農作業の受託
>
> ６．○○○
>
> ７．前各号に附帯関連する一切の事業
>
> （本店の所在地）注３
>
> 第３条　当会社は、本店を……に置く。
>
> （公告の方法）注４
>
> 第４条　当会社の公告は、…に掲載して行う。

注１　商号

商号とは、商人がその営業上自己を表示するために用いる名称のことをいいます。

商号の選定は、原則として自由です（会社法第６条）。ただ、実際、どのような商号を用いるかは、その企業のイメージに関連して重要な意味を有するので、十分に吟味することが必要です。

なお、会社はその種類に従って、商号中に株式・合名・合資・合同会社という文字を用いなければなりません（会社法第６条第２項）。また、他人が登記した商号と同一であり、その営業所の所在場所も同一であるときは、その商号を用いることはできません（商登法第27条）。

注２　目的

会社がどのような事項を事業内容とするかは、「会社の目的」に表します。会社の目的は、定款の絶対的記載事項であり、会社設立の登記事項でもあります。

会社の目的を定めるにあたっては、次のことが必要になります。

①　法令に違反するような内容を目的とすることはできません。

②　営利性のある事業を目的とします。

③　目的として記載されている事項が一般人からみてわかることが必要です。

なお、農地所有適格法人の場合には、上記定款の記載例のように主たる事業が農業（関連事業を含む）で

なければなりません。

注３　本店の所在地

本店の所在地とは、会社の主たる営業所の所在場所を含む独立最小の行政区画（市町村、東京都および政令指定都市では区）のことをいいます。本店の所在地は定款の絶対的記載事項であり、具体的な所在場所も登記事項です（会社法第911条第３項第３号）が、具体的地番までは定款に記載する必要はないので、定款の記載としては「当会社の本店は、○○県○○市におく」と最小独立の行政区画のみ記載している場合が多くなっています。なお、定款に具体的な所在地を記載する場合、登記の際に添付する本店所在地決議書は不要です。

注４　公告の方法

株主やその他の利害関係人に対して、株式会社が株式の併合や募集株式の発行事項など一定の事項を知らせることがあります。その方法を定款に定めることができます。

会社法では、①　官報に掲載する方法　②　時事に関する事項を掲載する日刊新聞紙に掲載する方法　③　電子公告　のいずれかの方法をとることができるとしています（会社法第939条第１項）。そして、定款に定めがない会社については、官報に掲載する方法を公告の方法とすることになります。

②　株式に関する規定

第２章　株式

（発行可能株式総数）注１

第５条　当会社の発行可能株式総数は、……株とする。

（株券の不発行）注２

第６条　当会社は、株式に係る株券を発行しない。

（発行する株式の内容）注３

第７条　当会社の発行する株式は、すべて譲渡制限付株式とする。

２　当会社の株式を譲渡するには、取締役全員の承認を得なければならない。

（相続人等に対する株式の売渡し請求）注４

第８条　当会社は、相続その他の一般承継により当会社の株式を取得した者に対し、当該株式を当会社に売り渡すことを請求することができる。

（基準日）注５

第９条　当会社では、毎事業年度末日の最終の株主名簿に記載された議決権を有する株主をもって、その事業年度に関する定時株主総会において権利を行使すべき株主とする。

２　前項のほか、株主又は質権者として権利を行使すべき者を確定する必要がある場合には、取締役の決定により、予め公告して臨時に基準日を定めることができる。

注１　発行可能株式総数

会社が将来発行する予定の株式数のことをいう。必ずしも公証人の認証を得る定款（原始定款）に定めることを要しませんが、会社成立時（設立登記の申請時）までに定款に記載する必要があります。

注２　株券の不発行

従来から中小企業の多くは実際上株券を発行していなかったこと、及び、上場会社においては株式等振替制度の強制がされていることなどから、会社法は、株券を発行しないこと（株券不発行）を原則としています（会社法214条）。

会社法施行後に設立される株式会社は、定款に「株券を発行する」旨の記載を設けなければ、株券不発行会社となるので、上記記載は単にそのことを確認しているにすぎません。

注３　株式の譲渡制限

本来株式は、自由に譲渡できるのが原則ですが（会社法第127条）、株式の譲受けによって好ましくない第三者が株主として経営に関与することがあります。また、農地所有適格法人として、農地を利用して農業の経営を行う場合には、農地法により、上記の株式の譲渡制限が必要とされています。そこで、定款において、全部の株式の内容として株式の譲渡について会社の承認を必要とする旨の譲渡制限を設けることが必要です（会社法第107条第１項第１号・第108条第１項第４号・農地法第２条第３項）。

株式譲渡の承認機関については、原則として株主総会（取締役会設置会社においては、取締役会）の決議によらなければならないとされています（会社法第139条第１項）。ただ、定款で定めれば、他の機関例えば代表取締役の承認とすることができます（同条同項但書）。

注４　相続人等に対する株式の売渡し請求

会社にとって好ましくない者が当該会社の株主にならないようにするという株式の譲渡制限の趣旨は、株式の譲渡の場合に限らず、相続その他の一般承継の場合にも同様の要請があります。そこで、会社法は、譲渡制限株式について、相続その他の一般承継によって取得した者に対し、会社から当該株式を会社に売り渡すことを請求することができる旨を定款で定めることができるとしています（会社法第174条）。

注５　基準日

会社法では、会社が、一定の日（基準日）を定めて、その基準日に株主名簿に記載又は記録されている株主をその権利を行使することができる者と定めることができるとしています（会社法第124条第１項）。

なお、基準日は、権利行使の日の前３ヵ月以内の日でなければなりません（同条第２項）。また、基準日を定めた株式会社は、基準日と行使できる権利内容について定款で定めるか、そうでない場合には２週間前までに公告する必要があります（同条第３項）。

上記定款の第９条第１項は定時株主総会で議決権を行使することのできる株主を定めるために、定款で基準日及び権利内容を定めた場合です。この場合には公告は不要となります。

他方、それ以外の場合には、定款の同条第２項によって公告が必要となります。

③　株主総会に関する規定

第３章　株主総会

（招集）注１

第10条　当会社の定時株主総会は、毎事業年度末日の翌日から３ヵ月以内にこれを招集し、臨時株主総会は、必要に応じてこれを招集する。

（招集権者及び議長）注２

第11条　株主総会は、法令に別段の定めがある場合を除き、取締役社長が招集する。

２　株主総会においては、取締役社長が議長となる。

（決議の方法）注３

第12条　株主総会の決議は、法令又は定款に別段の定めがある場合を除き、出席した議決権のある株主の議決権の過半数によってこれを決する。

２　会社法第309条第２項に定める株主総会の決議は、議決権を行使することのできる株主の議決権の３分の１以上を有する株主が出席し、出席した当該株主の議決権の３分の２以上に当たる多数をもって行う。

（株主総会議事録）注４

第13条　株主総会の議事録については、法令で定める事項を記載または記録した議事録を作成する。

注１　招集

定時株主総会は、毎事業年度の終了後一定の時期に招集しなければなりません（会社法第296条第１項）、臨時株主総会は、必要がある場合には、いつでも、招集することができます（同条第２項）。

「一定の時期」とは、定時株主総会は基準日から３ヵ月以内に開催する必要があると解されています。ただ、法人税の申告との関係で「2ヵ月以内」と定める会社も多いです。

なお、招集通知は、総会の日の2週間前までに発する必要があります（会社法第299条第1項）。ただし、非公開会社では、書面又は電磁的方法による議決権行使を定めた場合を除き、総会の日の1週間前までに発すれば足りるとされています（同条同項）。さらに、非公開会社で、取締役会を設置しない会社については、定款で1週間を下回る期間を定めることができます（同条同項）。

注2　招集権者及び議長

株主総会は、法令に別段の定めがある場合を除き（会社法第297条第4項）、取締役が招集します（会社法第296 条第3項）。ただし、定款で、取締役社長が招集すると規定することが多いです。

株主総会の議長は、定款の定めがないときには総会において選任しますが本記載例のように定款で定めることも可能です。

注3　決議の方法

第12条第1項は、株主総会の普通決議の際に会社法第309条第1項が求める定足数を排除するための定款の規定です。第2項は、特別決議において会社法第309条第2項が求める定足数を緩和するための定款の規定です（同条第2項）。

注4　株主総会議事録

会社法318条1項では「株主総会の議事については、法務省令で定めるところにより、議事録を作成しなければならない」としています（会社法第318条第1項）。

④　取締役に関する規定

第4章　取締役

（取締役の員数）注1

第14条　当会社の取締役は、○名以内とする。

（取締役の選任の方法）注2

第15条　当会社の取締役は、株主総会において、総株主の議決権の3分の1以上を有する株主が出席し、その議決権の過半数の決議によってこれを選任する。

2　取締役の決議については、累積決議によらないものとする。

（取締役の任期）注3

第16条　取締役の任期は、その選任後10年以内に終了する事業年度のうち最終のものに関する定時総会の終結の時までとする。

2　補欠又は増員により選任した取締役の任期は、その選任時に在任する取締役の任期の満了すべき時までとする。

（社長および代表取締役）注4

第17条　取締役が2名以上ある場合は、そのうちの1名を代表取締役とし、取締役の互選によって定める。

2　取締役が1名の場合は、その取締役を代表取締役とする。

3　代表取締役を社長とし、会社の業務を執行する。

（取締役の報酬等）注5

第18条　取締役が報酬、賞与その他の職務執行の対価として当会社から受ける財産上の利益については、株主総会の決議によって定める。

注1　取締役の員数

取締役は必須の機関であり、定款に別段の定めがある場合や取締役会設置会社である場合を除き、会社の業務を執行します（会社法第348条第1項）。

取締役会の設置は原則として任意となっていますので、形式的に家族等を取締役にする必要はありません。

取締役会を設置する会社においては、取締役を３名以上おく必要があります（会社法第331条第５項）。

これに対して、取締役会を設置しない会社については、取締役の人数についての制限はなく、取締役は１名でも足ります。もし、取締役を２名以上おく場合には、会社の業務執行は定款に別段の定めがある場合を除いて、取締役の過半数で決することになります（会社法第348条第２項）。

なお、取締役の人数の上限については会社法に制限はありませんが、定款で「〇名以内」と記載すれば任意的記載事項として有効となります。

注２　取締役の選任の方法

取締役は、株主総会の決議によって選任されます（会社法第329条第１項）。その決議要件は、原則として議決権を行使することのできる株主の議決権の過半数を有する株主が出席し（定足数）、出席した当該株主の議決権の過半数をもって行う（表決数）ことになります（会社法第309条）。ただし、定款の定めにより、定足数について「３分の１以上の割合」に緩和することや、表決数については「過半数を上回る割合」へと加重することもできます（同第341条）が本定款記載例では、１項において定足数についてのみ緩和しています。

また、会社法は、株主総会において２人以上の取締役を選任する場合には、定款に別段の定めがあるときを除き、累積投票によることができます（会社法第342条）。

累積投票は、株式１株につき選任すべき取締役の数と同数の議決権を与え一人のみにまとめて投票することもできる仕組みですが、実際には、多くの会社は、この制度を定款の規定をもって排除しています。本定款記載例の２項は、累積投票制度を排除する旨の規定です。

注３　取締役の任期

本定款記載例第１項は、会社法での取締役の任期の原則を定めたものです（会社法第332条第１項）。

取締役の任期は定款又は株主総会の決議によって短縮することが認められています（会社法第332条第１項但書）。なお、非公開会社（監査等委員会設置会社及び指名委員会等設置会社を除く）は、定款で定めることにより、取締役の任期を「選任後 10年以内に終了する事業年度のうち最終のものに関する定時総会の終結の時まで」と伸長することも認められています（会社法第332条第２項）。

ただしこの場合には、会社にて取締役の任期を正確に管理しておかなければ、気が付かない間に任期が満了してしまうことになりかねません。任期満了に気が付かずに取締役や監査役等が会社法又は定款で定めたその員数を欠くこととなった場合において、その選任の手続をすることを怠ったときは100万円以下の過料に処されることがあるため、任期を伸長する際には役員の任期管理に特に注意が必要です（会社法第976条第22号）。

また、適法に役員を選任した場合においてもその旨の変更登記をしなければ、会社法の規定による登記をすることを怠ったとされ、同様に過料に処されることがあります。（会社法第976条第１号）

本定款記載例第16条第２項のように、取締役については、在任の取締役との任期残存期間をそろえる趣旨から、補欠・増員の取締役について定款の定めにより任期を短縮することが行われています（会社法第329条第３項・第332条第１項）。

注４　社長及び代表取締役及び役付取締役

取締役会を設置しない会社の場合には、代表取締役を定めることは任意です（会社法第349条第３項）。

また、会社法上は、取締役と代表取締役の区別のみですが、実際は社長のような役付取締役を設けることが一般的です。これを明確にする意味で定款に記載しています。

注５　取締役の報酬等

取締役の報酬等についての事項は、定款に当該事項を定めていないときは、株主総会の決議によって定めます（会社法第361条第１項）。定款において取締役の報酬について定めることはほとんどありません。

⑤　計算に関する規定

<table><tr><td>

第５章　計算

（事業年度）注１

第19条　当会社の事業年度は、毎年　月　日から翌年　月　日までとする。

（剰余金の配当）注２

第20条　剰余金の配当は、毎事業年度末日現在における株主名簿に記載された株主又は質権者に対して支払う。

２　剰余金の配当は、その支払提供の日から満３年を経過しても受領されないときは、当会社はその支払義務を免れるものとする。

</td></tr></table>

注１　事業年度

定款に事業年度を必ず記載しなければならないわけではありません（任意的記載事項）。しかし、役員の任期や剰余金配当の時期との関連で明確にするために、実際上記載しているのが一般的です。

注２　剰余金の配当

旧商法における「利益配当」は、会社法においては「剰余金の配当」となりました（会社法第453条以下）。剰余金の配当を受けるべき者を定めるために、基準日（同第124条第１項・第２項・第３項）を設けて定款に記載するのが一般的です。

また、剰余金の配当請求権は、定款の規定がなければ民法の規定により一定の期間経過すると時効で消滅します（民法第166条第１項）。しかし、これでは長すぎるので、通常は、定款の規定で期間を短縮しています。

⑥　附則に関する規定

<table><tr><td>

第６章　附則

（設立に際して出資される財産）注１

第21条　当会社の設立に際して出資される財産の最低額は、金○円とする。

（最初の事業年度）注２

第22条　当会社の最初の事業年度は、当会社設立の日から令和　年　月　日までとする。

（発起人の氏名、住所および引受株数）注３

第23条　発起人の住所、氏名および各発起人が引き受けた株式の数は、次のとおりである。

（住所）　○○県○○市○○321

普通株式　100株　（氏名）　甲山一郎

以上‥株式会社設立のため、この定款を作成し、発起人が次に記名押印する。

令和　年　月　日

発起人　……　印　注４

</td></tr></table>

注１　設立に際して出資される財産

「設立に際して出資される財産の価額又はその最低額」は、会社法において定款の絶対的記載事項とされています（会社法第27条第４号）。なお、最低資本金額制度が廃止されたことにより、「最低額」として記載すべき額には、制限はありません。

注２　最初の事業年度

定款の任意的記載事項でありますが、実際上の便宜から記載される場合が一般的です。

注３　発起人の氏名、住所および引受株数

発起人の氏名または名称および住所は、定款の絶対的記載事項です（会社法第27条第５号）。発起人の「名称」とは、法人が発起人になる場合に記載します。

また、会社法において、株式会社の設立に関して発行する株式に関する事項のうち

① 発起人が割当てを受ける設立時発行株式の数

② その設立時発行株式と引換えに払い込む金銭の額

③ 成立後の株式会社の資本金及び資本準備金の額に関する事項

については、定款にその定めがないときは、発起人の全員の同意で決定します（会社法第32条第1項）。この場合設立登記の申請において別途「発起人全員の同意書」の添付が必要になります。

本定款の記載例は、上記①の定款の定めが記載してあるので、設立登記の申請にこれを同意書の代わりに援用でき、その旨記載の同意書の添付は必要ありません。

これと同様に、上記②③につき、定款の附則に次のような定めを記載してあるときは、設立登記の申請の際、その旨記載の「発起人の全員の同意書」の添付は必要ありません。

（設立に際して発行する株式等）
第○条　当会社の設立に際して発行する株式の総数は、普通株○○株とし、発起人が全部を引き受ける。
2　発起人が前項の設立時発行株式と引換えに払い込む金銭の額は、１株につき金　　円とする。
（資本金の額及び準備金の額）
第○条　当会社の設立時の資本金の額は、設立に際して株主となる者が当会社に払い込んだ金額とする。

注４　発起人の記名押印

発起人の個人の実印を押印します。

エ　取締役会と監査役を設置する株式会社の定款モデル

（○数字は前述の取締役会を設置しない場合に対応しています）。

① 総則に関する規定　② 株式に関する規定　③ 株主総会に関する規定

定款

第１章　総則

（商号）
第１条　当会社は、・・・・・株式会社と称する。
（目的）
第２条　当会社は、次の事項を営むことを目的とする。
　1．農畜産物の生産販売
　2．農畜産物を原材料とする○○○（食料品）の製造販売
　3．農畜産物の貯蔵、運搬及び販売
　4．農業生産に必要な資材の製造販売
　5．農作業の受託
　6．○○○
　7．前各号に附帯関連する一切の事業
（本店の所在地）
第３条　当会社は、本店を・・・・・に置く。
（公告の方法）
第４条　当会社の公告は、・・・に掲載して行う。

第２章　株式

（発行可能株式総数）

第５条　当会社の発行可能株式総数は、・・・・株とする。

（株券の不発行）

第6条　当会社は、株式に係る株券を発行しない。

（株式の譲渡制限）

第７条　当会社の株式を譲渡によって取得するには、取締役会の承認を受けなければならない。

（相続人等に対する株式の売渡し請求）

第8条　当会社は、相続その他の一般承継により当会社の株式を取得した者に対し、当該株式を当会社に売り渡すことを請求することができる。

（基準日）

第9条　当会社では、毎事業年度末日の最終の株主名簿に記載された議決権を有する株主をもって、その事業年度に関する定時株主総会において権利を行使すべき株主とする。

２　前項のほか、株主又は質権者として権利を行使すべき者を確定する必要がある場合には、取締役会の決議により、予め公告して臨時に基準日を定めることができる。

第３章　株主総会

（招集）

第10条　当会社の定時株主総会は、毎事業年度末日の翌日から３カ月以内にこれを招集し、臨時株主総会は、必要に応じてこれを招集する。

（議長）

第11条　株主総会は、法令に別段の定めがある場合を除き、取締役会の決議によって、取締役社長が招集する。取締役社長に事故があるときは、予め取締役会の定める順序により、他の取締役が招集する。

２　株主総会の議長は、取締役社長がこれに当たる。取締役社長に事故があるときは、予め取締役会の定める順序により、他の取締役が議長となる。

（決議の方法）

第12条　株主総会の決議は、法令又は定款に別段の定めがある場合を除き、出席した議決権のある株主の議決権の過半数によってこれを決する。

２　会社法第309条第２項に定める株主総会の決議は、議決権を行使することのできる株主の議決権の3 分の１以上を有する株主が出席し、出席した当該株主の議決権の３分の２以上に当たる多数をもって行う。

（株主総会議事録）

第13条　株主総会の議事録については、法令で定める事項を記載又は記録した議事録を作成する。

④　取締役・取締役会・監査役に関する記載

第４章　取締役、取締役会、監査役

（取締役会の設置）注１

第14条　当会社は、取締役会を置く。

（監査役の設置）注２

第15条　当会社は、監査役を置く。

（取締役の員数）注３

第16条　当会社の取締役は３名以上とする。

（取締役の選任の方法）注４

第17条　当会社の取締役及び監査役は、株主総会において、総株主の議決権の３分の１以上を有する株主が出席し、その議決権の過半数の決議によってこれを選任する。

2　取締役の選任については、累積投票によらない。

（取締役および監査役の任期）注５

第18条　取締役の任期は、その選任後２年以内、監査役の任期は、その選任後４年以内に終了する事業年度のうち最終のものに関する定時総会の終結の時までとする。

２　補欠又は増員として選任された取締役の任期は、在任する取締役の任期の満了すべき時までとする。

３　補欠として選任された監査役の任期は、退任した監査役の任期の満了する時までとする。

（代表取締役および役付取締役）注６

第19条　代表取締役は、取締役会の決議によって選定する。

２　取締役会の決議をもって、取締役の中から、社長を１名選任し、必要に応じて、会長、副社長、専務取締役、常務取締役各若干名を選定することができる。

（取締役会の招集）注７

第20条　取締役会は、法令に別段の定めがある場合を除き、取締役社長が招集し、議長となる。

２　取締役社長に事故があるときは、取締役会においてあらかじめ定めた順序に従い、他の取締役が取締役会を招集し、議長となる。

（取締役会の招集通知）注８

第21条　取締役会の招集通知は、各取締役及び各監査役に対し、会日の３日前までに発する。ただし、緊急の場合には、この期間を短縮することができる。

２　取締役及び監査役の全員の同意がある場合には、招集の手続きを経ないで取締役会を開催することができる。

（取締役会の決議方法）注９

第22条　取締役会の決議は、議決に加わることのできる取締役の過半数が出席し、その過半数をもって行う。

（取締役会の決議の省略）注10

第23条　取締役が取締役会の目的である事項について提案をした場合において、当該提案につき議決に加わることのできる取締役の全員が書面により同意の意思表示をしたときは、当該提案を可決する旨の取締役会の決議があったものとみなす。

（取締役会議事録）注11

第24条　取締役会の議事については、法令に定める事項を記載又は記録した議事録を作成し、出席した取締役及び監査役がこれに記名押印又は電子署名する。

（取締役及び監査役の報酬等）注12

第25条　取締役及び監査役の報酬等については、それぞれ株主総会の決議によって定める。

注１　取締役会の設置

株式会社は、前述したように定款の定めによって、取締役会、会計参与、監査役、監査役会、会計監査人、監査等委員会または指名委員会等を置くことができます（会社法第326条第２項）。

本定款モデルは、取締役会を設置する場合の定款の定めです。

注２　監査役の設置

取締役会設置会社（監査等委員会設置会社及び指名委員会等設置会社を除く）は、監査役を置かなければなりません（会社法327条２項)。本定款モデルは、このような場合の定款の定めです。もっとも、公開会社でない場合においては、会計参与を置けば、監査役を置く必要はありません（会社法第327条第２項但書)。

注３　取締役の員数

取締役会を設置する会社においては、取締役を３名以上おく必要があります（会社法第331条第５項)。本定款モデル第16条は、このことを確認する趣旨です。

なお、取締役の人数の上限については会社法に制限はなく、定款で「○名以内」と記載することも任意的記載事項として認められます。

注４　取締役の選任の方法

前記取締役会を設置しない会社の定款の規定と同じです。

注５　取締役および監査役の任期

本定款モデル第18条は、会社法の取締役及び監査役の任期の原則的なものを定めたものです（会社法第332 条第１項・第336条第１項)。

取締役の場合にはこれを定款又は株主総会の決議によって短縮することが認められています（同第332条第１項但書)。なお、非公開会社（監査等委員会設置会社及び指名委員会等設置会社を除く）は、定款で定めることにより、取締役の任期を選任後10年以内に終了する事業年度のうち最終のものに関する定時総会の終結の時まで、伸長することも認められています（会社法第332条第２項)。

また、本定款記載例のように、取締役については、在任の取締役との任期残任期間をそろえる趣旨から、補欠・増員の取締役について定款の定めにより任期を短縮することが行われています（会社法第329条第３項・第332条第１項)。

監査役については、監査役の独立性を保障する趣旨から、補欠監査役の場合を除いて任期の短縮はできません。また、非公開会社における監査役については、定款に定めれば、取締役と同様にその任期を選任後10年以内とすることもできます（会社法第336条第２項)。

定款記載例第18条第３項は、補欠監査役について定款の定めにより、監査役の前任者の任期の残存期間として任期を短縮したものです（会社法第336条第３項)。

注６　代表取締役および役付取締役

取締役会設置会社では、取締役会の決議によって取締役の中から代表取締役を選定する必要があります（会社法第362条第３項)。

また、会社法上は、取締役と代表取締役の区別のみですが、実際は上記のような役付取締役を設けることが一般的です。これを明確にする意味で定款に記載します。

注７　取締役会の招集

取締役会は、各取締役が招集します。ただし、取締役会を招集する取締役を定款又は取締役会で定めたときは、その取締役が招集します（会社法第366条第１項)。

本定款モデル第20条は、取締役会の招集権者を定款で定めるとともに、取締役会の議長についても定めるものです。

注８　取締役会の招集通知

取締役会を招集する者は、原則として、取締役会の日の１週間前までに、各取締役（監査役設置会社にあっては、各取締役及び各監査役）にその通知を発しなければなりません（会社法第368条第１項)。しかし、機動的な開催を図るために、定款の定めにより、これを下回る期間（例えば３日前）までに通知を発することができます（同条同項)。

また、取締役（監査役設置会社にあっては、取締役及び監査役）の全員の同意があるときは、招集の手続きを省略することができます（会社法第368条第２項)。本定款モデル第21条第２項は、このことを確認的に表示するものです。

注9　取締役会の決議方法

本定款モデル第22条は、取締役会の決議方法について会社法の規定を確認的に表示したものです（会社法第369条第1項）。

定款で定めれば、定足数及び表決数につきこれを加重する要件を定めることができます（同条同項）。

注10　取締役会の決議の省略

取締役会は原則として、会議を開催して決議をなすべきですが、会社法は例外的に一定の要件のもと定款の定めにより、会議を開かずに書面による決議ができるとしています（会社法第370条）。

注11　取締役会議事録

取締役会の議事については、法務省令で定めるところにより、議事録を作成し、議事録が書面をもって作成されているときは、出席した取締役及び監査役は、これに署名し、又は記名押印しなければなりません（議事録が電磁的記録によって作成されているときは、電子署名によります）（会社法第369条第3項・第4項）。

本定款モデル第24条は、会社法の内容を定款において確認的に表示したものです。

注12　取締役及び監査役の報酬等

取締役の報酬の額等を定款に定めていないときは、株主総会の決議によって定めます（会社法第361条第1項）。定款において取締役の報酬について定めることはほとんどありません。

監査役についても、会社法は「定款にその額を定めていないときは、株主総会の決議によって定める」としています（会社法第387条第1項）。本定款モデル第25条は、かかる定款の定めがない場合は株主総会の決議による旨の会社法の規定を確認的に表示するものです。

⑤　計算に関する規定　⑥　附則に関する規定

第5章　計算

（事業年度）

第26条　当会社の事業年度は、毎年　月　日から翌年　月　日までとする。

（剰余金の配当）

第27条　剰余金の配当は、毎事業年度末日現在における株主名簿に記載された株主又は質権者に対して支払う。

2　剰余金の配当は、その支払提供の日から満3年を経過しても受領されないときは、当会社はその支払義務を免れるものとする。

第6章　附則

（設立に際して出資される財産）

第28条　当会社の設立に際して出資される財産の最低額は、金○円とする。

（最初の事業年度）

第29条　当会社の最初の事業年度は、当会社設立の日から平成　年　月　日までとする。

（発起人の氏名、住所および引受株数）

第30条　発起人の住所、氏名および各発起人が引き受けた株式の数は、次のとおりである。

（住所）　○○県○○市○○321

普通株式　100株　（氏名）　甲山一郎

以上・・株式会社設立のため、この定款を作成し、発起人が次に記名押印する。

令和　年　月　日

発起人　・・・・　印

3．定款の認証

ア　定款の作成方法

発起人は、発起人全員の賛成のもと、前述した定款の内容を決め、これを書面化しなければなりません。その際、発起人全員が署名（または記名・押印）することが必要です。このような署名のない定款は効力を有しません。

作成すべき定款の通数は、通常は、①会社保存用原本、②公証役場保存用の原本、③設立登記用の謄本の３通となります。

イ　定款の認証

a　公証人による認証

作成された定款については、公証人の認証を受けなければなりません（会社法第30条第１項）。定款の作成および内容の明確を期し、紛争や不正行為を防止する趣旨によるものです。

公証人とは、公正証書の作成、定款や私署証書（私文書）の認証等を行う公務員で、法務局・地方法務局に所属します。業務は公証役場で行います。

定款の認証にあたっては、設立しようとする会社の本店所在地を管轄する法務局または地方法務局に属する公証人が行うことになります（公証人法第62条の２）。

b　認証手続

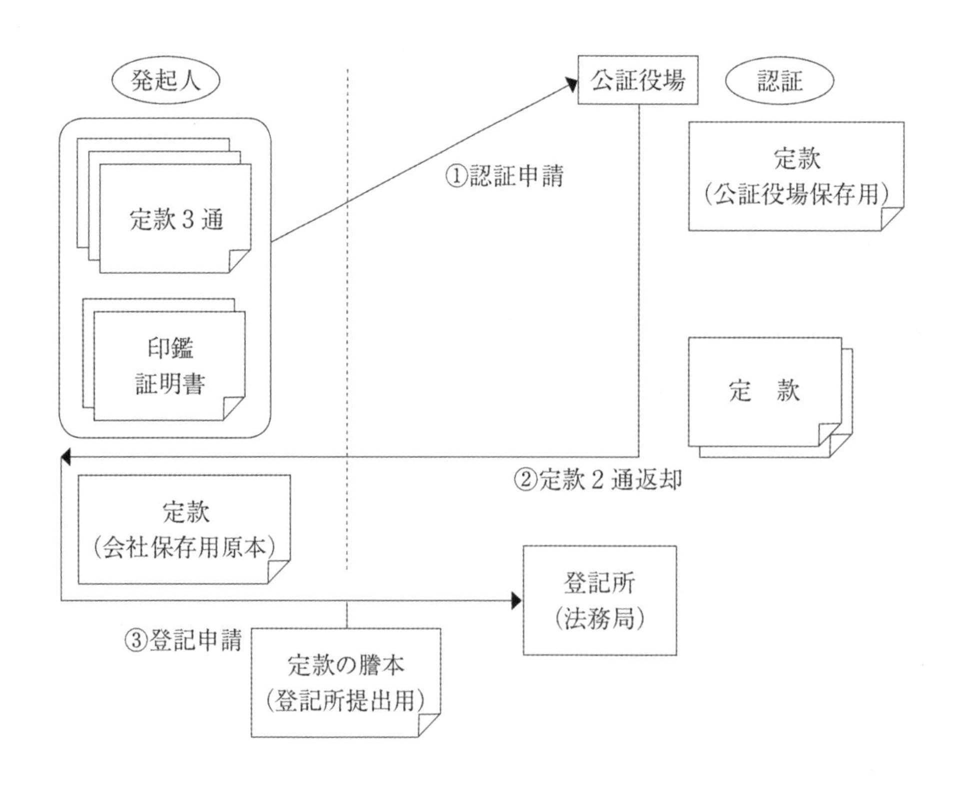

(a) 発起人の印鑑証明書

定款に押印した発起人全員の市区町村長発行の印鑑証明書が必要となります。発起人が間違いなく本人であることを証明するためです。

発起人が会社であるときは、登記事項証明書と代表者の登記所発行の印鑑証明書が必要です。

これらの印鑑証明書は、発行後３か月以内のものでなければならないことに注意が必要です。

(b) 収入印紙

会社の定款のうち、公証役場保存用の定款には収入印紙（４万円、印紙税法別表第１の６）を貼付する。

(c) 代理人による場合

発起人が公証人役場に出頭できないときには、代理人によることができます。この場合には、発起人から代理人への委任状と、出頭した代理人の本人性を確認するために、代理人の印鑑証明書か運転免許証もしくは旅券が必要です（公証人法第62条の３第４項・第60条・第28条）。

(d) 公証人による審査

公証人は、定款の形式および内容を審査します。会社の目的の要件その他、定款の絶対的記載事項を欠く場合、記載が不適法な場合、定款作成が制限行為能力により取り消すことができる場合等には、定款の認証を受けられません。

(e) 公証人の認証

公証人が審査し、問題がない場合には、定款に認証文を記載します。

(f) 認証の手数料

定款認証の手数料は、設立する株式会社の資本金の額によって異なり、資本金の額が100万円未満の場合は3万円、100万円以上300万円未満の場合は４万円、その他の場合は５万円（公証人手数料令第35条）となります。そのほか、謄本交付の手数料が１枚につき250円（公証人手数料令第40条）かかります。

ウ　実質的支配者となるべき者の申告書の提出

株式会社の定款の認証の際には、設立する法人の実質的支配者となるべき者について、その者の氏名、住居、生年月日、暴力団員等に該当しないか等を公証人に申告する必要があります（公証人法施行規則第13条の４）。そして、実質的支配者となるべき者が、暴力団員等に該当し、又は該当するおそれがあると認められるときは、公証人より必要な説明を求められることになります。

ここでいう実質的支配者とは、法人の事業経営を実質的に支配することが可能となる関係にある個人のことをいいます。株式会社では具体的にいうと議決権を総数の２分の１（50％）を超えて保有する者、そのような者がいない場合には、議決権を総数の４分の１（25％）を超えて保有する者等が実質的支配者に該当することとなります（犯罪による収益の移転防止に関する法律施行規則第11条第２項）。

制度詳細や申告をするための書式（実質的支配者となるべき者の申告書）については、日本公証人連合会のホームページもしくは定款認証を受ける公証役場にてご確認ください。

実質的支配者となるべき者の申告書（株式会社用）

（公証役場名）

＿＿＿＿＿＿＿＿ **認証担当公証人** ＿＿＿＿＿＿＿＿ 殿

（商号）＿＿＿＿＿＿＿＿

の成立時に実質的支配者となるべき者の本人特定事項等及び暴力団員等該当性について、以下のとおり、申告する。

令和　　年　　月　　日

■ 嘱託人住所　＿＿＿＿＿＿＿＿　　■ 嘱託人氏名（記名又は署名）＿＿＿＿＿＿＿＿

実質的支配者となるべき者の該当事由（①から④までのいずれかの左側の□内に✔印を付してください。）（※1）

□ ❶　設立する会社の議決権の総数の５０％を超える議決権を直接又は間接に有する自然人となるべき者（この者が当該会社の事業経営を実質的に支配する意思又は能力がないことが明らかな場合を除く。）：犯罪による収益の移転防止に関する法律施行規則（以下「犯収法施行規則」という。）１１条２項１号参照

□ ❷　❶に該当する者がいない場合は、設立する会社の議決権の総数の２５％を超える議決権を直接又は間接に有する自然人となるべき者（この者が当該会社の事業経営を実質的に支配する意思又は能力がないことが明らかな場合又は他の者が設立する会社の議決権の総数の５０％を超える議決権を直接又は間接に有する場合を除く。）：犯収法施行規則１１条２項１号参照

□ ❸　❶及び❷のいずれにも該当する者がいない場合は、出資、融資、取引その他の関係を通じて、設立する会社の事業活動に支配的な影響力を有する自然人となるべき者：犯収法施行規則１１条２項２号参照

□ ❹　❶、❷及び❸のいずれにも該当する者がいない場合は、設立する会社を代表し、その業務を執行する自然人となるべき者：犯収法施行規則１１条２項４号参照

実質的支配者となるべき者の本人特定事項等（※2、※3）						暴力団員等該当性（※4）
住居		国籍等	日本・その他　（※5） （　　　　）	性別	男・女 （※6）	（暴力団員等に） 該当 ・ 非該当
		生年月日	（昭和・平成・西暦） 年　月　日生	議決権割合	％ （※7）	
氏名	フリガナ	実質的支配者該当性の根拠資料	定款・定款以外の資料・なし （※8）			
住居		国籍等	日本・その他　（※5） （　　　　）	性別	男・女 （※6）	（暴力団員等に） 該当 ・ 非該当
		生年月日	（昭和・平成・西暦） 年　月　日生	議決権割合	％ （※7）	
氏名	フリガナ	実質的支配者該当性の根拠資料	定款・定款以外の資料・なし （※8）			
住居		国籍等	日本・その他　（※5） （　　　　）	性別	男・女 （※6）	（暴力団員等に） 該当 ・ 非該当
		生年月日	（昭和・平成・西暦） 年　月　日生	議決権割合	％ （※7）	
氏名	フリガナ	実質的支配者該当性の根拠資料	定款・定款以外の資料・なし （※8）			

※１　❶の５０％及び❷の２５％の計算は、次に掲げる割合を合計した割合により行う（犯収法施行規則１１条３項）。
⑴　当該自然人が有する当該会社の議決権が当該会社の議決権の総数に占める割合
⑵　当該自然人の支配法人（当該自然人がその議決権の総数の５０％を超える議決権を有する法人をいう。この場合において、当該自然人及びその一若しくは二以上の支配法人又は当該自然人の一若しくは二以上の支配法人が議決権の総数の５０％を超える議決権を有する他の法人は、当該自然人の支配法人とみなす。）が有する当該会社の議決権が当該会社の議決権の総数に占める割合

※２　「住居、氏名」欄には、❶の場合は、該当する者１名を記載し、❷から❹までの場合は、該当者全員を記載する。

※３　犯収法施行規則１１条４項によって、上場企業等及びその子会社は自然人とみなされるので、上記自然人の「住居、氏名」欄に、その「住所、名称」を記載する。

※４　実質的支配者となるべき者が暴力団員（暴力団員による不当な行為の防止等に関する法律第２条第６号）又は国際テロリスト（国際連合安全保障理事会決議第1267号等を踏まえ我が国が実施する国際テロリストの財産の凍結等に関する特別措置法第３条第１項の規定により公告されている者若しくは同法第４条第１項の規定による指定を受けている者）のいずれにも該当しない場合には、「暴力団員等該当性」欄の「非該当」を○で囲み、いずれかに該当する場合には、「該当」を○で囲む。なお、該当する選択肢を○で囲むことに代えて、実質的支配者となるべき者が作成したその旨の表明保証書を提出することも可能である。

※５　「国籍等」欄は、日本国籍の場合は「日本」を○で囲み、日本国籍を有しない場合は「その他」を○で囲んで具体的な国名等を（　）内に記載する。

※６　「性別」欄は、該当するものを○で囲む。

※７　「議決権割合」欄は、❶及び❷の場合のみ記載する。

※８　「実質的支配者該当性の根拠資料」欄は、該当するものを○で囲み、定款以外の資料がある場合には、その原本又は写しを添付する。また、実質的支配者となるべき者の本人特定事項等が明らかになる資料も添付する（自然人の場合には、運転免許証、旅券、個人番号カード（マイナンバーカード）、在留カード等の写し等、法人の場合には、全部事項証明書及び印鑑証明書の原本又は写し）。

実質的支配者となるべき者が３名を超える場合は、更に申告書を用いて記入してください。

【実質的支配者申告の様式データ（株式会社用）日本公証人連合会HPより】

4．発起人による株式の引受け・払込み

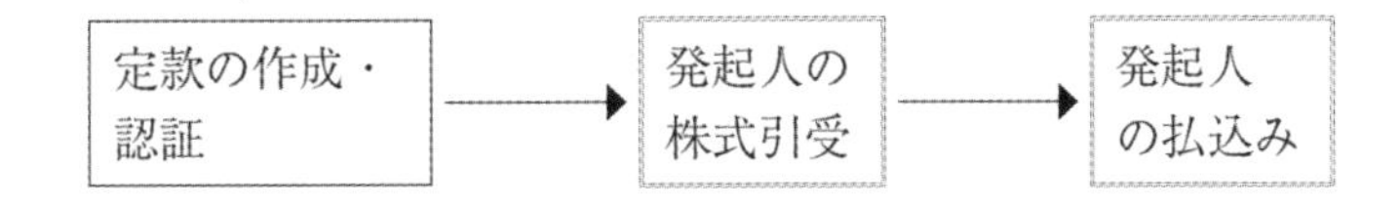

(1) 発起人による株式総数の引受け

発起設立の場合、設立の際発行する株式総数のすべては、発起人によって引き受けられます（会社法第25条第１項・第32条第１項）。これによって社員が確定します。

株式の引受けは、別段の方式を要しませんが、実務上は定款に記載する場合が多いです（前述定款附則参照）。

書面（株式引受証）を作成する際には、発起人が引き受ける株式の種類及び数、引受価額（又は発行価額）を記載し、発起人の署名又は記名押印をするのが一般的です。

(2) 変態設立事項の調査および変更

発起人は、定款に現物出資や財産引受け等の変態設立事項（会社法第28条）についての記載があるときは、公証人の定款認証後遅滞なく、当該事項を調査させるため、検査役の選任の申立てを裁判所に請求しなければなりません（会社法第33条第１項）。募集設立の場合も同様となります（会社法第25条第１項第２号）。

ただ、現物出資及び財産引受けについては、以下の場合には、過大に評価されるおそれが少ないとして、例外的に検査役の調査を要しないとされています（会社法第33条第10項）。

・少額財産：対象となる財産の定款に定めた価格の総額が、500万円を超えないとき
・有価証券：対象となる財産が市場価格のある有価証券で、定款に定めた価格がその有価証券の市場価格として法務省令により定める方法により算定されるそのものを超えない場合
・弁護士等の証明：定款に記載された価額が相当であることについて弁護士等の証明を受けた場合　証明する「弁護士等」の範囲としては、弁護士、弁護士法人、公認会計士、監査法人、税理士、税理士法人などの資格者が挙げられています。

農業法人の設立に際して、土地・建物の不動産、農業用機械などの現物出資を受ける場合が多くみられます。ただ、検査役の調査には日数及び費用が多くかかるので、通常は、上記少額財産の範囲内とするか又は弁護士等の証明（不動産の場合にはさらに不動産鑑定士による鑑定評価が必要）を受けて、検査役の調査を不要とする場合が一般的です。

(3) 出資の履行

ア　払込みと現物出資の給付

株式を引き受けた発起人は、遅滞なく各株につきその発行価額の全額の払込みをしなければなりません（会社法第34条第１項）。払込みは、金銭によって現実になすことを要します。

払込期日は、株式の引受けのあった日から合理的な期間経過後の期日を、発起人の過半数の同意で定めることになります。

株式を引き受けた発起人の出資は、金銭出資以外に現物出資も可能です。現物出資をなす発起人は、払込期日に現物出資の目的である財産の全部を会社に給付することを要します（会社法第34条第１項）。

イ　払込取扱機関

株式払込は、発起人が払込みを取り扱うべきものとして定めた銀行又は信託会社（「払込取扱機関」という）において行わなければなりません（会社法第34条第２項）。その趣旨は、払込金の安全な保管を図ることにあります。払込取扱機関となりうるのは、具体的には、次のとおりです（会社法施行規則第７条）。

普通銀行、信託銀行、信用金庫、信用協同組合、労働金庫、農業協同組合、商工組合中央金庫、農林中央金庫等

発起設立においては、設立登記の申請の際、払込取扱機関による「払込金保管証明書」を添付する必要はなくなりました。その結果、添付書類としては、払込取扱機関が発行する「払込金受入証明書」か、または、設立時代表取締役（85頁「払込みがあったことを証する書面の例」を参照）が作成した払込みの事実を証明する書面と預金通帳の写し等のいずれかを用いることになります。

5．設立時取締役等の選任・設立手続きの調査

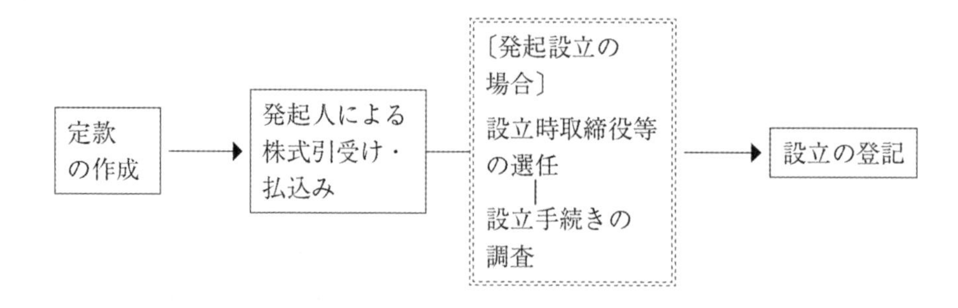

発起人による株式引受け・払込みの後、設立中の会社について役員の選任と設立手続きの調査が必要となります。この場合、発起設立の方法によるのか、それとも募集設立の方

法によるのかによって、手続きが異なってきます。前述（59頁参照）したとおり、発起設立による場合がほとんどなので、その方法による場合について説明します。

(1) 取締役等の選任

発起人は、発起設立の場合には、その出資の履行後遅滞なく、引き受けた株式の議決権の過半数をもって、設立時取締役（株式会社の設立に際して取締役となる者をいう）を選任しなければなりません（会社法第38条第１項・第40条）。

その際、設立時取締役についても、通常の取締役と同様の次の欠格事由があり、これに該当する者はその地位に就けません（同第39条第４項・第331条）。

① 法人

② 会社法、一般社団及び一般財団に関する法律、金融商品取引法、民事再生法その他に定める罪を犯し、刑に処せられ、その執行を終わり又は執行を受けることがなくなった日より２年を経過しない者

③ ②に定めた罪以外の罪により禁錮以上の刑に処せられその執行を終わるまで又はその執行を受けることがなくなるまでの者（但し刑の執行猶予中の者を除く）。

設立時取締役の選任決議方法については、別段の制約はなく、発起人の過半数の一致があれば、会議体による必要もありません。したがって、持ち回りあるいは個別の書面による決議によることもできます。

具体的な書面としては、「取締役の選任決議書」あるいは「発起人会議事録」を作成するのが一般的です。なお、発起人が１人の場合には、「選任決定書」を作成します。

→「取締役の選任決議書」の例（84頁「設立時取締役、設立時監査役選任及び本店所在場所決議書」参照）

選任された取締役及び監査役は、その就任を承諾することによってはじめて、取締役及び監査役に就任します。そのため、実務上は、就任承諾をした者の記名押印のある就任承諾書を作成します。なお、定款に設立時取締役を記載している場合、選任決議書、就任承諾書の添付を省略できます。

→「取締役の就任承諾書」の例（85頁「設立時取締役、設立時代表取締役等の就任承諾書」参照）

(2) 設立手続きの調査

前述した現物出資がなされた場合で、裁判所の選任する検査役の調査を要しないときは、設立時取締役は一定の事項を調査しなければならないとされています（会社法第46条第１項第１号・第２号）。また、会社の設立に際して出資すべき額について発起人の

出資が完了していること、設立手続きが法令または定款に違反していないことを調査することを要します（同条同項第３号・第４号）。

(3) 設立時代表取締役の選定

設立時取締役は、設立しようとする株式会社が取締役会設置会社である場合（指名委員会等設置会社を除く）には、設立時取締役（設立しようとする株式会社が監査等委員会設置会社である場合にあっては、設立時監査等委員である設立時取締役を除く）の中から株式会社の設立に際して代表取締役となる者（設立時代表取締役）を選定しなければなりません（会社法第47条第１項）。その選定・解職は、設立時取締役の過半数をもって決めます（同条第３項）。

これに対して、取締役会を設置しない会社である場合における設立時代表取締役の選定方法については、定款で直接設立時代表取締役を定めることあるいは定款で設立時取締役の互選による旨を定めて、その互選によることが可能と解されています。この場合、設立時代表取締役の選定がない場合には、設立時取締役の全員が設立時代表取締役となります。

6．設立の登記

(1) 設立の登記期間

設立の登記以外の設立手続きが終了すると、本店所在地においては次に掲げる日のいずれか遅い日から２週間以内に、設立登記を申請しなければなりません（会社法第911条第１項）。

〈発起設立の場合〉

・設立時取締役の調査（会社法第46条第１項）が終了した日。一般的には、発起人（株主）からの出資払込が完了したタイミングを調査完了とする場合が多いです。

・発起人が定めた日

〈募集設立の場合〉

・創立総会終結の日その他（会社法第911条第２項）

上記の登記期間内に設立登記の申請を行わない場合には、発起人、設立時取締役は100万円以下の過料に処せられます（会社法第976条第１項第１号）。

(2) 設立の登記事項

設立において登記すべき事項は、会社法に列挙されています（会社法第911条第３項）。

登記事項は、定款所定の事項（会社法第27条）と重なるものもありますが、一致しないものもあります。

(3) 設立の登記申請書

設立の登記の申請は、会社を代表する者（商登法第47条第１項）の申請によってされます。

設立の登記の申請書には、一定の添付書類を添付しなければなりません（同第47条第２項）。また、登録免許税も納付しなければなりません。

登録免許税の課税標準金額は、資本金の額であり、それに1000分の７を掛けた金額が登録免許税となります。ただし、最低額として15万円を納付しなければなりません（登録免許税法別表１　24(1)イ）。

○設立登記申請書

株式会社設立登記申請書

１　商号　　株式会社○○ファーム
１　本店　　・・・・・・
１　登記の事由
　　　令和○年○月○日発起設立の手続終了
１　登記すべき事項
　　　別紙のとおり　（注１）
１　課税標準金額
　　　金　　　　円
１　登録免許税
　　　金　　　　円　（注２）
１　添付書類
　　　（省略）

上記のとおり登記の申請をする。
令和○年○月○日

○○県○○市○○1234
申請人　株式会社○○ファーム
○○県○○市○○
代表取締役　甲山一郎
上記代理人　乙山二郎　印

（注１）

登記すべき事項を申請書に記載して提出します。磁気ディスクやオンラインによる申請も認められています。（別紙参照）

（注２）

登録免許税の納付については、収入印紙によるのが一般的です。

収入印紙による納付の際には、登記申請書とは別の用紙を「登録免許税台紙」とし、そこに所定の収入印紙を貼って出します。その際、申請書と台紙は綴り、契印を押します。

○【別紙】（取締役会と監査役を置く場合）

「商号」○○株式会社
「本店」○県○市○町○丁目○番○号
「公告をする方法」官報に掲載してする。
「目的」
1　○○の製造販売
2　○○の売買
3　前各号に附帯する一切の事業
「発行可能株式総数」800株
「発行済株式の総数」200株
「資本金の額」金1000万円
「株式の譲渡制限に関する規定」
当会社の株式を譲渡により取得するには、取締役会の承認を受けなければならない。
「株券を発行する旨の定め」
当会社は株券を発行する。
「役員に関する事項」
「資格」取締役
「氏名」甲山一郎
「役員に関する事項」
「資格」取締役
「氏名」乙山二郎
「役員に関する事項」
「資格」取締役
「氏名」丙山三郎
「役員に関する事項」
「資格」代表取締役
「住所」○○県○○市○○1234
「氏名」甲山一郎
「役員に関する事項」
「資格」監査役
「氏名」丁山花子
「取締役会設置会社に関する事項」
取締役会設置会社
「監査役設置会社に関する事項」
監査役設置会社
「登記記録に関する事項」設立

○発起設立の場合に必要な添付書類

申請書の添付書類の例

書類	通数	注
定款	1通	（注1）
発起人の同意書	1通	（注2）
設立時取締役、設立時監査役選任及び本店所在場所決議書	1通	（注3）
設立時代表取締役を選定したことを証する書面	1通	（注4）
設立時取締役、設立時代表取締役及び設立時監査役の就任承諾書	○通	（注5）
印鑑証明書	○通	（注6）
払込みを証する書面	1通	（注7）
本人確認証明書	○通	（注8）
委任状	1通	

（注1） 公証人の認証を得た定款である必要があります。

（注2） 次に掲げる場合等には、発起人の全員の同意があったことを証する書面を添付します（商登法第47条第3項）。

・ 発起人がその割当てを受ける設立時発行株式の数その他の設立時発行株式に関する事項を定めた場合（会社法第32条第1項）

・ 発起人が発行可能株式総数を定め、又は変更した場合（会社法第37条）

〈発起人の同意書の例〉

同意書

本日発起人の全員の同意をもって、会社が設立の際に発行する株式に関する事項を次のように定める。

1 発起人○○が割当てを受けるべき株式の数及び払い込むべき金額

株式会社○○ファーム 普通株式 ○株

株式と引換えに払い込む金額 金○円

1 発起人○○が割当てを受けるべき株式の数及び払い込むべき金額

株式会社○○ファーム 普通株式 ○株

株式と引換えに払い込む金額 金○円

1 資本金の額 金 円

1 資本準備金の額 金 円

上記事項を証するため、発起人全員記名押印（又は署名）する。

令和○年○月○日

株式会社○○ファーム

○○県○○市○○321

発起人 ・・・・印

○○県○○市○○321

発起人 ・・・・印

（注3） 次に掲げる場合等は、発起人の過半数の一致があったことを証する書面を添付します（商登法第47条第3項）。

・ 発起設立の場合において、発起人が設立時取締役、設立時会計参与、設立時監査役又は設立時会計監査人を選任したとき（会社法第40条第1項）

・ 発起人が設立時の本店又は支店の所在場所、株主名簿管理人等を定めた場合

〈決議書の例〉

設立時取締役、設立時監査役選任及び本店所在場所決議書

令和○年○月○日株式会社○○ファーム創立事務所において発起人全員出席し（又は議決権の過半数を有する発起人出席し）その全員の一致の決議により次のように設立時取締役、設立時監査役及び本店所在場所を次のとおり選任、決定した。

設立時取締役　甲山一郎　乙山二郎　丙山三郎
設立時監査役　丁山花子
本店　○○県○○市○○1234

上記決定事項を証するため、発起人の全員（又は出席した発起人）は、次のとおり記名押印（又は署名）する。

令和○年○月○日

株式会社○○ファーム
発起人　　・・・・印
発起人　　・・・・印

（注４）　設立時取締役が設立時代表取締役を選定したとき、これに関する書面を添付します。取締役会設置会社においては、「設立時取締役の過半数の一致を証する書面」が該当します（商登法第47条）。取締役会非設置会社においては、定款で直接設立時代表取締役を定めるか、または定款で設立時取締役の互選によるので、それに関する書面を添付します。

〈設立時代表取締役の選定を証する書面の例〉

設立時代表取締役選定決議書

令和○年○月○日、設立時取締役の全員は、下記の者を設立時代表取締役に選定することを決定した。

住所　○○県○○市○○321
設立時代表取締役　　甲山一郎

設立時取締役全員が次に記名押印する。

令和○年○月○日

株式会社○○ファーム
設立時取締役　甲山一郎　印
設立時取締役　乙山二郎　印
設立時取締役　丙山三郎　印

（注５）　設立時取締役等の選任に関する書面（注３）中に、被選任者が即時就任承諾した旨の記載があるとき、設立時代表取締役の選定に関する書面（注４）に、被選定者が即時就任承諾した旨の記載があるときは、それぞれの記載を援用することで、これらの就任承諾書に代えることができます。

〈設立時取締役、設立時代表取締役等の就任承諾書の例〉

就任承諾書

私は、令和○年○月○日、貴社の設立時取締役に選任されたので、その就任を承諾します。

○○県○○市○○321

甲山一郎　印

株式会社○○ファーム　御中

（注6）「就任承諾を証する書面」の設立時取締役（設立しようとする会社が取締役会設置会社である場合には、設立時代表取締役又は設立時代表執行役）の印鑑につき市区町村長が作成した書面を添付します（商登規則第61条第４項・第５項）。

（注7）発起設立の場合には、次に掲げる書面をもって、払込みがあったことを証する書面とすることができます。

（注8）株式会社の設立の登記の申請書には、設立時取締役、設立時監査役、設立時執行役（以下、「取締役等」という。）が就任を承諾したことを証する書面（就任承諾書、席上就任承諾をした旨の記載がされた株主総会議事録）に記載した取締役等の氏名及び住所と同一の氏名及び住所が記載されている市町村長その他の公務員が職務上作成した証明書を添付します（商業登記規則第61条第７項）。

ただし、当該申請書に当該取締役等の印鑑証明書を添付する場合（商業登記規則第61条第４項（５項において読み替えて適用される場合を含む。）又は同条第６項）は、当該取締役等の本人確認証明書の添付は不要となります。

本人確認証明書の例

（コピーを提出する場合にはその用紙の欄外等に本人が「原本と相違がない。」旨を記載し，記名する必要があります。）

・住民票記載事項証明書（住民票の写し）
・戸籍の附票
・住基カード（住所が記載されているもの）の表面と裏面のコピー
・運転免許証等の表面と裏面のコピー
・マイナンバーカードの表面のみのコピー

〈払込みがあったことを証する書面の例〉

証明書

当会社の設立時発行株式については以下のとおり、全額の払込みがあったことを証明します。

設立時発行株式数　　○○株

払込みを受けた金額　金○○円

令和○年○月○日

株式会社○○ファーム

設立時代表取締役　甲山一郎　　印

注ｉ　当該書面には、登記所に届け出るべき印鑑を押印します。

注ⅱ　この書面に、預金通帳の写し（口座名義人が判明する部分も含む）を併せてとじます。その際印鑑で契印します。預金通帳の写し等には、株式の発行価額に相当する金額が入金されたことを確認できるように指示（例：ラインマーカー）します。

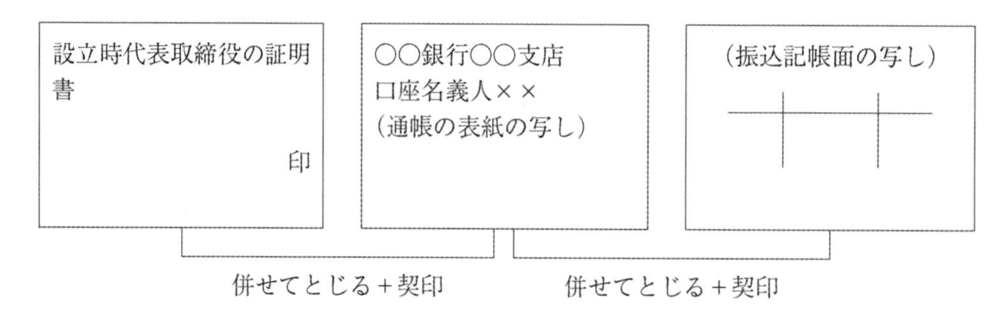

⑷　オンライン登記

設立の登記は、次の手続きでオンラインによる申請も可能です。自宅やオフィスなどからの申請で手続きを効率化できます。詳細は法務省の各種ホームページを確認してください。

①法務省の「申請用総合ソフト」をダウンロードし、申請しようとする登記の申請様式を選択して申請内容を入力し、「申請書情報」を作成する。

https://www.touki-kyoutaku-online.moj.go.jp/whats/sogosoft/summary.html 

②登記申請に必要な「添付書面情報」をPDFファイル等の所定のデータで申請書情報に添付する。

※作成した申請書情報や添付書面情報には、電子署名の付与が必要です。

※添付書面が電磁的記録により作成されていない場合は、書面の提出又は送付も認められます。

添付書面を書面により提出又は送付する場合には、添付書面に申請番号を記載するか、又は、申請用総合ソフトの処理状況画面から「書面により提出した添付情報の内訳表」を印刷し、提出又は送付の際に添付します。

③作成した「申請書情報」と「添付書面情報」を、法務省の「登記・供託オンライン申請システム」に送信する。

https://www.touki-kyoutaku-online.moj.go.jp/ 

④申請の到達や受付のお知らせを確認し、発行された「電子納付情報」に基づき、インターネットバンキング、モバイルバンキング又は電子納付対応のＡＴＭを利用して登録免許税を納付する。

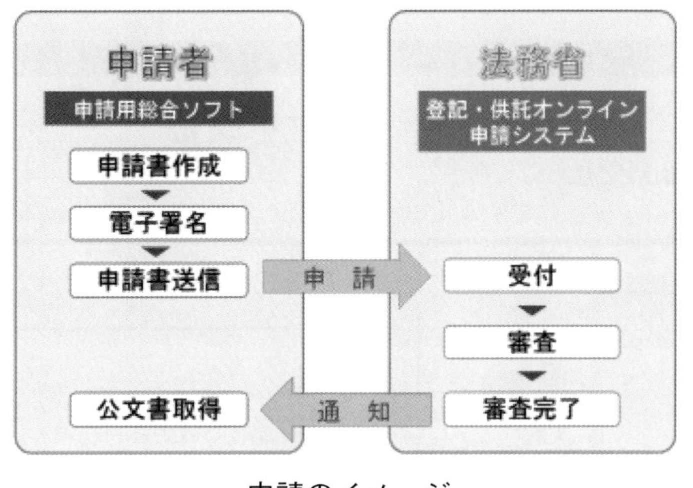

申請のイメージ

7．印鑑の提出

設立の登記を申請する際には、登記申請書等に押印するために代表者（代表取締役等）が使用する法人の印鑑を登記所に届け出ます。登記所への印鑑の届出については、以前は商業登記法上の義務とされていましたが、オンラインによる登記申請の促進の一環により、届出義務が任意化されました。とはいえ、書面により登記申請を行う場合には、これまで通りに印鑑を届け出ることとなります（137頁参照）。

会社の代表印については、その大きさに一定の制限があります。すなわち、「辺の長さが１センチメートルの正方形に収まるもの又は辺の長さが３センチメートルの正方形に収まらないものであってはならない」（商登規則第９条第３項）、とされているため、その範囲内の丸印を使用するのが一般的です。

提出する印鑑届書には、代表取締役個人の実印の押印と、個人の印鑑証明書の添付が必要ですが、印鑑証明書については申請書に添付したもの（商登規則第61条第４項）を援用することもできます。また、印鑑カード交付申請書を提出することで印鑑カードが発行され、届け出た印鑑についての印鑑証明書を取得することができるようになります（次頁参照）。

印鑑カード交付申請書

※ 太枠の中に書いてください。

（地方）法務局　　　支局・出張所　　　年　　月　　日 申請

照合印	

（注１）登記所に提出した印鑑の押印欄（印鑑は鮮明に押印してください。）		
	商号・名称	
	本店・主たる事務所	
印鑑提出者	資　格	代表取締役・取締役・代表社員・代表理事・理事・支配人（　　　　）
印鑑提出者	氏　名	
印鑑提出者	生年月日	大・昭・平・西暦　　年　　月　　日生
	会社法人等番号	

申　請　人（注２）□印鑑提出者本人　□代理人

住　所		連絡先	□勤務先 □自宅 □携帯電話
フリガナ 氏　名			電話番号

委　　任　　状

私は,（住所）

（氏名）

を代理人と定め、印鑑カードの交付申請及び受領の権限を委任します。

年　　月　　日

住　所

氏　名　　　　　　　　印（登記所に提出した印鑑）

（注１）　押印欄には、登記所に提出した印鑑を押印してください。

（注２）　該当する□にレ印をつけてください。代理人の場合は、代理人の住所・氏名を記載してください。その場合は、委任状に所要事項を記載し、登記所に提出した印鑑を押印してください。

交付年月日	印鑑カード番号	担当者印	受領印又は署名

（乙号・９）

Ⅱ　合同会社

合同会社は、平成18年５月１日に施行された会社法により設立することができるようになった会社形態です。合同会社、合名会社、合資会社を総称して持分会社といいますが、株式会社と比べて広範な定款自治が認められていることと、比較的簡易な手続きで設立が可能なことは持分会社の特徴といえます。会社の構成員として無限責任社員（会社に対し個人の財産をもって責任を負う社員）を必要とする合名会社や合資会社とは違い、合同会社は有限責任社員（出資の価額を限度として責任を負う社員）のみで設立・運営ができます。また、合同会社は社員間の人的信頼関係がその基礎とされており、社員の個性を重視している点も農業と相性が良いことも多く、農業法人としても活用しやすい会社形態であるともいえます。なお、ここでいう「社員」とは会社への出資により会社の構成員としての地位（持分）を有する者を示す言葉であり、会社と雇用契約を締結した一般にいう従業員としての社員とは異なります。

そこで以下では初めに株式会社と比べた合同会社のメリット・デメリットをいくつか挙げた上で、その設立の手続きについて記載します。

◆メリット

●設立時の手続きが簡易で費用の負担も少ない

・定款の認証が不要

公証人による定款の認証が不要のため、その事務や手数料の負担がありません。一方、株式会社の場合は公証人による定款の認証が必要となるため、公証役場との連絡調整や定款認証の手数料の支払いが必要となります（75頁参照）。なお、合同会社であっても、定款（電子定款を除く）には収入印紙4万円分を貼付しなければいけない点は株式会社と同様です。

・登録免許税の最低額が安価

会社設立の登記を申請した際に支払う登録免許税の最低額が、合同会社では６万円となり、株式会社では15万円となるといった違いがあります。合同会社の設立の登録免許税は、資本金の額に1000分の７を掛けた金額ですが、これによって計算した税額が６万円に満たなかったときは６万円となります（登録免許税法別表第１　24（1）ハ）。一方、株式会社の場合は、資本金の額に1000分の７を掛けた金額ですが、これによって計算した税額が15万円に満たなかったときは15万円となります（登録免許税法別表第１　24（1）イ）。

●設立後の事務や費用の負担が少ない

・経営陣に任期がない

株式会社では役員に会社法に基づいた任期があるため、定期的に役員改選を行います。そのため、都度、株主総会や取締役会での役員の選任やその旨を登記し、登録免許税を支払うといった事務や費用の負担があります。一方、合同会社の社員や代表社員には任期という概念がないため、そのような負担はありません。

・決算公告が不要

株式会社では、定時株主総会の終結後遅滞なく、貸借対照表等を公告しなければならない旨が定められています（会社法第440条）が、合同会社ではそのような義務はなく、決算公告は不要となっています。なお、決算公告は不要とされていますが、合同会社であっても貸借対照表等の計算書類を作成しなければいけない点は株式会社と同様です（会社法第617条２項）。

●広範な定款自治が認められているため、柔軟な会社運営が可能

定款は会社における根本的な規則を定めたものですが、合同会社では会社の意向を定款に取り入れ易くなっており、業務執行社員の決定（会社法第590条）や損益分配の割合（会社法第622条）等の様々な場面でより柔軟な会社運営が可能です。一方で、公証人による定款認証が不要なことを踏まえると専門家を介さずに広範な定款自治の利点を十分に活かすには、合同会社に関する法令についてある程度の知識を要するといえます。

●出資額に関わらず社員一人ひとりに業務の執行や決定等について大きな決定権がある

合同会社では何らかの決定を行う際には、原則として出資額の多い少ないに関わらず社員一人につき一議決権（一人一議決権）を有することとなります。それにより同じ志を持つ共同事業者全員が平等な意思決定権を有して、会社を運営できるということになります。一方で、重要な決定が議決権者である社員の一人ひとりの影響を受けやすいということも理解する必要があります。例えば、定款を変更する際には原則として総社員の同意が必要（会社法第637条）のため、一人の社員の同意が得られなければ定款は変更できないということになります。この同意が得られないとは、単に自らの意思に基づき同意しないというだけでなく、議決権者である社員が行方不明等何らかの事情によって同意が得られない事態も含まれるため、議決権を行使する社員が多ければ多いほど、不測の事態によって会社の運営に支障が出る可能性も多くなります。株式会社であれば、一株一議決権が原則であるため、多く出資した者はその分多くの株式（議決権）を取得することとなり、一人の大株主の決定のみによって決議の可否を決めることも可能です。

◆デメリット

●出資をしなければ、会社の業務を執行することができない

株式会社においては、会社の所有（出資者）と経営（役員）の地位が分離しており、「出資はするが経営には関わらないようにしたい」や反対に「経営に関わるが出資はしない」といったことが可能です。一方、合同会社においては、原則として所有（出資者）と経営（業務執行社員）の地位が一致しているため、業務執行社員として会社に関わるには何らかの出資が必要となります。

また、所有と経営が一致することで迅速な意思決定が可能な反面、会社の所有者と経営者が同一となることで、株式会社に比べると会社の運営に関して多角的な視点に乏しいという側面もあります。

●経営陣の変更が容易ではない

社員は他の社員の全員の承諾がなければ、社員の地位である持分を譲渡することができないとされています（会社法第585条１項）。また、社員の氏名、住所や出資の額等に関する一定の事項は定款に必ず記載されなければならないため、社員の入退社の際には、社員全員による定款変更が必要となります（会社法第576条１項、同法第637条）。更に合同会社の社員や代表社員には、株式会社の役員のような任期が存在しないため、一定期間が過ぎることで自然と退任するといったことが起こりません。このように、合同会社は原則的には経営陣の入れ替えがしづらい会社形態といえます。

●知名度は高くない

株式会社に比べると設立件数が少ないため、世間一般的には知名度が低いといえます。とはいえ、最近では合同会社の設立件数も増加傾向にあり、今後もより一層増えていく会社形態といえます。

１．設立の流れ

合同会社の設立は、株式会社と同様に会社法が定める手続きで行う必要があります。また、農地所有適格法人としての合同会社の設立も事業要件、議決権要件、役員要件を具備しなければいけない点も株式会社と違いはありません。

合同会社設立の流れ

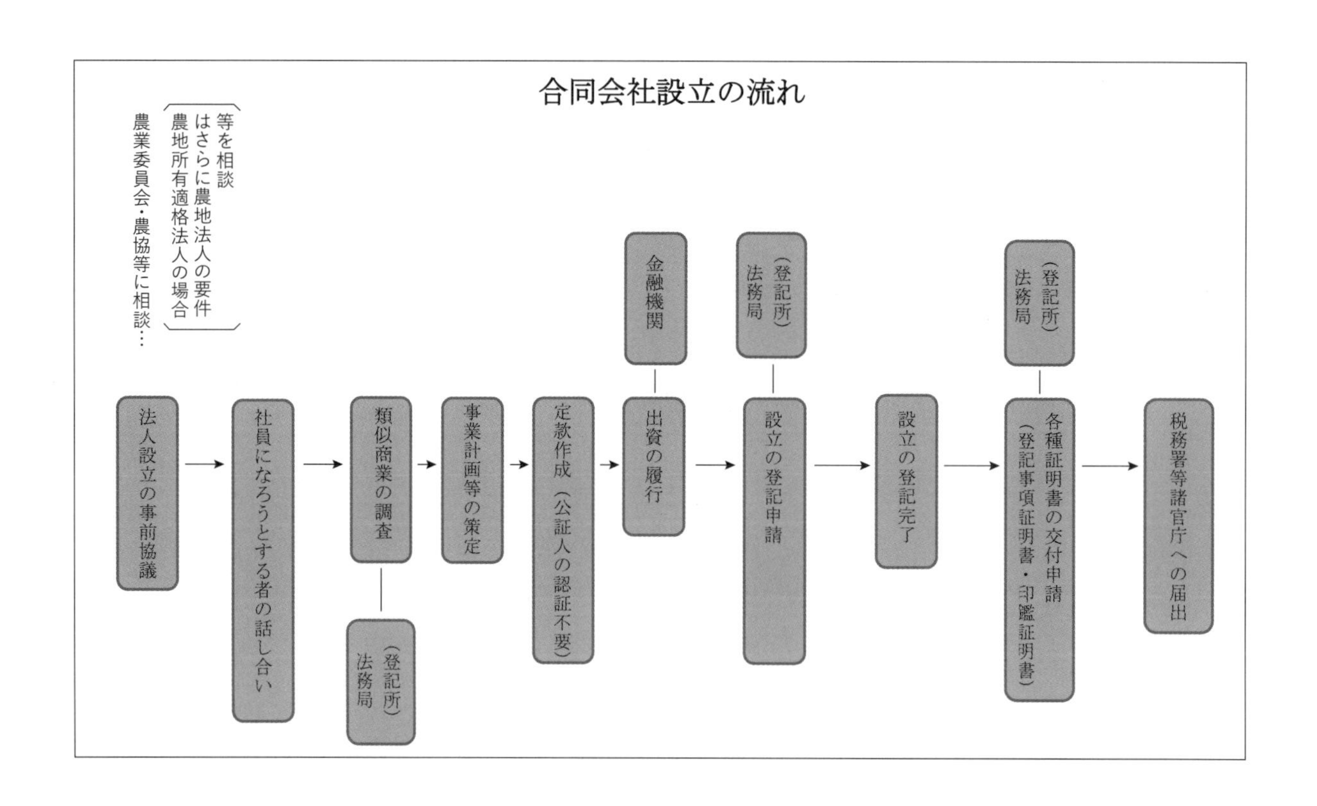

合同会社設立の手順

事項・事務	行　為　者	期　　日	必要書類	摘　　要
設立の事前打ち合わせ	社員になろうとする者	随時		
社員になろうとする者の話し合い	社員になろうとする者			
類似商号の調査	社員になろうとする者			法務局で本店所在場所に同一あるいは類似した商号の会社がないか調べます
事業計画等の策定	社員になろうとする者			
定款の作成	社員になろうとする者		定款例（モデル）93頁参照 収入印紙	
印鑑の調製	社員になろうとする者			印鑑の提出と印鑑カード交付申請 104頁
出資の履行	社員になろうとする者	定款の作成後、設立の登記をする時まで		100頁

設立登記申請書類作成	社員になろうとする者			101頁
設立登記申請	社員になろうとする者→法務局	会社法上、特に定めは無い	設立登記申請書（101頁、収入印紙、添付書面102頁）印鑑届出書137頁、印鑑カード交付申請書88頁	101頁
登記完了（設立）				
登記事項証明書、印鑑証明書、				
税務書等諸官庁への届出				

2．定款の作成

(1) 社員になろうとする者の話し合い

合同会社を設立するにあたっては、設立後の会社の代表者、本店所在地や資本金の額等、いくつかの事項をあらかじめ決めなければいけません。そのため、合同会社の社員になろうとする者はそれらの事項をどのようにするのかを話し合い、決定する必要があります。社員になろうとする者が１人の場合は、その者のみで決定します。

(2) 定款の記載

ア 定款の作成

合同会社においても、株式会社と同様に定款が会社の根本規則であることに違いはありません。会社の社員になろうとする者は定款を作成し、その全員がこれに署名又は記名押印する必要があります。

イ 機関

a 社員及び業務執行社員

合同会社の業務の執行は、原則として各社員が行います。ただし、定款によって一部の社員のみを業務を執行する社員（業務執行社員）と定めることができ、この場合にはその会社の社員は、業務執行社員と業務を執行しない社員とに別れることとなります（会社法第590条１項）。整理すると次のとおりです。

・社員全員を業務執行社員にしたい　→　定款の定めは不要

・社員一部のみを業務執行社員としたい　→　定款の定めが必要

定款の定めの例：第○条　当会社の業務執行社員は、甲山一郎と乙山二郎とする。

なお、合同会社の社員に関する登記事項（会社法第914条）は「業務を執行する社員の氏名又は名称」とされているため、定款の定めにより一部の社員のみを業務執行社員とした場合には、業務を執行しない社員については登記事項として記録や公示をされません。

業務の決定については原則として、社員の過半数をもって決定することとなり、業務執行社員を定款で定めた場合においては、その業務執行社員の過半をもって決定することとなります（会社法第590条第２項、同法第591条第１項）。

b　代表社員

株式会社の代表者は代表取締役ですが、合同会社の代表者は代表社員です。代表社員は業務執行社員から選びます。ただし、他に持分会社を代表する社員その他持分会社を代表する者を定めた場合は、この限りではありません（会社法第599条第１項）。代表社員は、持分会社の業務に関する一切の裁判上又は裁判外の行為をする権限を有することとなります（会社法第599条第４項）。業務執行社員が二人以上いる場合は、各自が代表社員となるのが原則ですが、一部の者のみを代表社員にしたい場合は、定款又は定款の定めに基づく社員の互選によって、業務執行社員の中から持分会社を代表する社員を定めることが可能です（会社法第599条第２項、第３項）。整理すると次のとおりです。

・業務執行社員全員を代表社員にしたい　→　定款の定めは不要

・業務執行社員一部のみを代表社員にしたい　→　定款の定めが必要

定款の定めの例：第○条　当会社の代表社員は、甲山一郎とする。

第○条　当会社の代表社員は１名とし、業務執行社員が２名以上あるときは業務執行社員の中から業務執行社員による互選をもって定める。

ウ　定款モデル

定款に記載する事項については、以下の３種類に分類わけされます。それぞれを確認しながら設立する会社に合った内容を検討する必要があります。

a　絶対的記載事項

絶対的記載事項とは、定款に必ず記載しなければいけないとされている事項です（会社法第576条第１項）。絶対的記載事項を一つでも欠くと定款全体が無効となってしまいます。合同会社の絶対的記載事項は次のようなものです。

(a) 目的

(b) 商号

(c) 本店の所在地

(d) 社員の氏名又は名称及び住所

(e) 社員の全部を有限責任社員とする旨

(f) 社員の出資の目的及びその価額又は評価の標準

b　相対的記載事項

相対的記載事項とは、会社法の規定により定款の定めがなければその効力が生じないとされている事項です。絶対的記載事項のように定款にその事項の記載が無くても定款全体の効力が無効になることはありません。合同会社においては、株式会社に比べ定款自治が広く認められているため、この相対的記載事項は計画通りに合同会社を運営していくためには特に重要なものといえます。具体的には、次のような条文に基づいて定款に相対的記載事項を記載します。

（業務の執行）

会社法第590条第１項　社員は、定款に別段の定めがある場合を除き、持分会社の業務を執行する。

（持分会社の代表）

会社法第599条第３項　持分会社は、定款又は定款の定めに基づく社員の互選によって、業務を執行する社員の中から持分会社を代表する社員を定めることができる。

c　任意的記載事項

任意的記載事項とは、絶対的記載事項及び相対的記載事項以外の事項で、会社法の規定に違反しないもののことをいいます。一例としては、業務執行社員の員数や事業年度が挙げられます。また、法令で禁止されている事項を確認の意味で定款に記載することもあります。この場合、定款にあえて記載せずとも法令により当然に効力がありますが、会社を設立する社員が会社法の知識に乏しい場合もあるため、明示することで理解を促すこともできます。

業務執行社員を数名とする合同会社の定款モデル

①　総則に関する規定

○○合同会社定款

第１章　総則

（商号）注１

第１条　当会社は、○○合同会社と称する。

（目的）注２

第２条　当会社は、次の事項を営むことを目的とする。
　１．農畜産物の生産販売
　２．農畜産物を原材料とする食料品の製造販売
　３．農畜産物の貯蔵、運搬及び販売
　４．農業生産に必要な資材の製造販売
　５．農作業の受託
　６．○○○
　７．前各号に附帯関連する一切の事業
（本店の所在地）注3
第３条　当会社は、本店を‥…に置く。
（公告の方法）注４
第４条　当会社の公告は、…に掲載してする。

注１　商号
株式会社と同様です。(63頁　注１　商号　参照)

注２　目的
株式会社と同様です。(63頁　注２　目的　参照)

注３　本店の所在地
株式会社と同様です。(64頁　注３　本店の所在地　参照)

注４　公告の方法
株式会社と同様です。(64頁　注４　公告の方法　参照)

②社員及び出資に関する規定

第２章　社員及び出資

（社員の氏名、住所及び出資）注１
第５条　社員の氏名及び住所並びに出資の目的及びその価額又は評価の標準は、次のとおりとする。
（１）氏名　甲山一郎
　　住所　○○県○○市○○
　　金○○万円
（２）氏名　乙山二郎
　　住所　○○県○○市○○
　　金○○万円
（３）氏名　丙山三郎
　　住所　○○県○○市○○
　　金○○万円
（社員の責任）注２
第６条　当会社の社員の全部を有限責任社員とする。
（持分の譲渡）注３

第７条　社員は、他の社員の全員の承諾がなければ、その持分の全部又は一部を他人に譲渡することができない。
第８条　業務を執行する社員は、当該社員以外の社員の全員の承諾を受けなければ、次に掲げる行為をしてはならない。
（１）自己又は第三者のために当会社の事業の部類に属する取引をすること。
（２）当会社の事業と同種の事業を目的とする会社の取締役、執行役又は業務を執行する社員となること
（利益相反取引の制限）注５
第９条　業務を執行する社員は、次に掲げる場合には、当該取引について当該社員以外の社員の過半数の承認を受けなければならない。
（１）業務を執行する社員が自己又は第三者のために当会社と取引をしようとするとき
（２）当会社が業務を執行する社員の債務を保証することその他社員でない者との間において当会社と当該社員との利益が相反する取引をしようとするとき

注１　社員の氏名、住所及び出資

社員には、自然人だけでなく持分会社や株式会社といった法人もなることができます。法人が業務執行社員となる場合には、その法人は業務執行社員の職務を行う者を法人内部から選任するとともに、その者の氏名及び住所を他の社員に通知しなければならないとされています（会社法第598条第１項）。また、出資の目的を金銭だけでなく、不動産等の現物でも出資（現物出資）できる点は株式会社と同じですが、合同会社の場合には検査役の調査（77頁参照）は必要とされていません。

注２　社員の責任

合同会社の社員は、その全員が有限責任社員（27頁参照）でなければなりません（会社法第576条第４項）。

注３　持分の譲渡

合同会社では社員間の人的信頼関係がその基礎とされており、社員の個性を重視しているため、持分（会社の社員である地位）を譲渡する際の会社への影響も少なくありません。そのため、原則として、社員は他の社員の全員の承諾がなければ、持分を譲渡することができないとされています（会社法第585条第１項）。ただし、例外として、業務を執行しない社員は、業務執行社員の全員の承諾があるときは、その持分の全部又は一部を他人に譲渡することができます（会社法第585条第２項）。また、この会社法第585条第１項、第２項の規定は、定款で別段の定めをすることも可能です（会社法第584条第４項）。なお、持分の譲渡に伴う社員の加入や退社等で定款の社員に関する事項に変更があった場合は、定款を変更する必要があります。

注４　競業の禁止

会社法の規定（会社法第594条）を基にしたものであり、定款の任意的記載事項です。定款に記載せずとも会社法で当然に効力がある事項（定款による別段の定めが可能、その部分については相対的記載事項となります。）です。

注５　利益相反取引の制限

会社法の規定（会社法第595条）を基にしたものであり、定款の任意的記載事項です。定款に記載せずとも会社法で当然に効力がある事項（定款による別段の定めが可能、その部分については相対的記載事項となります。）です。

③業務執行社員及び代表社員に関する規定

> 第３章　業務の執行及び会社の代表
>
> （業務の執行）注１
>
> 第10条　社員は、当会社の業務を執行する。
>
> ２　当会社の業務は、社員の過半数をもって決定する。
>
> （代表社員）注２
>
> 第11条　当会社の代表社員は、次のとおりとする。
>
> 代表社員　甲山一郎

注１　業務の執行

原則として、各社員が会社の業務を執行することとなります。ただし、特定の者だけを業務執行社員としたい場合は、定款で直接その者を指名する等、定款に別段の定めをすることができます（会社法第590条第１項）。

注２　代表社員

代表社員は、モデル定款のように定款で定める方法、定款の定めに基づく社員の互選によって定める方法があります（会社法第599条第3項）。このように定款に別段の定めを規定しなかった場合は、業務執行社員が、各自、会社を代表することとなります（会社法第599条第１項、第２項）。

④社員の加入及び退社に関する規定

> 第４章　社員の加入及び退社
>
> （社員の加入）注１
>
> 第12条　新たに社員を加入させる場合には、総社員の同意によって定款を変更しなければならない。
>
> （任意退社）注２
>
> 第13条　各社員は、事業年度の終了の時において退社をすることができる。この場合においては、各社員は、六箇月前までに当会社に退社の予告をしなければならない。
>
> ２　前項の規定にかかわらず、各社員は、やむを得ない事由があるときは、いつでも退社することができる。
>
> （法定退社）注３
>
> 第14条　社員は、前条のほか、次に掲げる事由によって退社する。
>
> （１）総社員の同意
>
> （２）死亡
>
> （３）合併（合併により当該法人である社員が消滅する場合に限る。）
>
> （４）破産手続開始の決定
>
> （５）解散（前二号に掲げる事由によるものを除く。）
>
> （６）後見開始の審判を受けたこと
>
> （７）除名

注１　社員の加入

新たな社員は、当該社員に係る定款を変更した時に社員となります。もし定款を変更した時に出資の払込みを完了していなかった場合には、それが完了した時に合同会社の社員となります（会社法第604条第２項、第３項）。

注２　任意退社

会社法の規定（会社法第606条）を基にしたものであり、会社の存続期間を定款で定めなかった場合又はある社員の終身の間会社が存続することを定款で定めた場合における定めです。定款の任意的記載事項です。定款に記載せずとも会社法で当然に効力がある事項です。なお、第1項については定款による別段の定めが可能で、その部分については相対的記載事項となります。

注３　法定退社

会社法の規定（会社法第607条）を基にしたものであり、定款の任意的記載事項です。定款に記載せずとも会社法で当然に効力がある事項です。なお、４号から６号については退社しない旨を別に定めることができます。

⑤計算に関する規定　⑥附則に関する規定

第５章　計算

（事業年度）注１
第15条　当会社の事業年度は、毎年　月　日から翌年　月　日までとする。

（損益分配の割合）注2
第16条　利益及び損益の分配は、各社員の出資の価額に応じる。

第６章　附則

（最初の事業年度）注３
第17条　当会社の最初の事業年度は、当会社成立の日から令和　年　月　日までとする。

以上、○○合同会社設立のため、この定款を作成し、社員が次に記名押印する。
令和　年　月　日
有限責任社員　　甲山一郎　　印　注４
有限責任社員　　乙山二郎　　印
有限責任社員　　丙山三郎　　印

注１　事業年度

株式会社と同様です。（68頁　注1事業年度参照）

注２　損益分配の割合

会社法の規定（会社法第622条）を基にしたものであり、定款の任意的記載事項です。定款に記載せずとも会社法で当然に効力がある事項（定款による別段の定めが可能、その部分については相対的記載事項となります。）です。

注３　最初の事業年度

株式会社と同様です。（68頁　注２最初の事業年度参照）

注４　社員の押印

公証人による定款の認証が不要であり、株式会社のように公証人へ印鑑証明書を提出しないため、その意味では社員の個人の実印を定款に押印する手続上の必要性はないといえます。しかしながら、定款は会社の根本規則であり、社員になろうとする者の意思の確認という意味では、実印を押印することが望ましいといえます。

エ　定款の認証不要及び収入印紙

株式会社とは異なり、定款について公証人の認証を受ける必要はありません。そのため、公証人へ支払う定款認証の手数料が不要となり、株式会社に比べると設立費用を抑えることができます。一方で収入印紙4万円分（印紙税法別表第16）は会社保存用となる定款の原本に貼付する必要があります。

3．設立時の出資の履行

社員になろうとする者は、定款を作成した以後、当該会社の設立の登記をする時までに、定款に記載された出資に係る金銭の全額を払込み（代表社員の個人口座等に入金等）、又は金銭以外の財産の全部を給付（現物出資）しなければなりません（会社法第578条）。なお、現物出資の場合であっても、株式会社のように検査役による調査は必要ありません。

株式会社では、払込み又は給付した財産の額の２分の１を超えない額は資本金として計上しないことができるといった資本金の組み入れについての制限（会社法第445条）がありますが、合同会社ではそのような規定はありません。従って、合同会社では出資された財産の２分の１を超える額を資本金として計上しないことが可能です。

4．設立の登記

⑴　設立の登記期間

株式会社と異なり、設立の登記期間（80頁参照）は特に定められていません。

⑵　設立の登記事項

設立において登記すべき事項は、会社法に次のように列挙されています（会社法第914条）。

1．目的
2．商号
3．本店及び支店の所在場所
4．合同会社の存続期間又は解散の事由について定款の定めがあるときは、その定め
5．資本金の額
6．合同会社の業務を執行する社員の氏名又は名称
7．合同会社を代表する社員の氏名又は名称及び住所
8．合同会社を代表する社員が法人であるときは、当該社員の職務を行うべき者の氏名及び住所
9．第939条第１項の規定による公告方法についての定款の定めがあるときは、その定め
10．前号の定款の定めが電子公告を公告方法とする旨のものであるときは、次に掲げる事項

イ．電子公告により公告すべき内容である情報について不特定多数の者がその提供を受けるために必要な事項であって法務省令で定めるもの

ロ．第939条第３項後段の規定による定款の定めがあるときは、その定め

11. 第９号の定款の定めがないときは、第939条第４項の規定により官報に掲載する方法を公告方法とする旨

(3) 設立の登記申請書

設立の登記は、代表社員が申請します（商登法第118条の準用による同法第47条１項）。代表社員は、作成した登記申請書と一定の添付書面を設立する合同会社の本店所在地を管轄する登記所へ提出することになります。

また、登録免許税も納付しなければなりません。登録免許税の額は、資本金の額（課税標準金額）に1000分の７を掛けた金額です。ただし、これによって計算した税額が６万円に満たなかったときは、登録免許税は６万円となります（登録免許税法別表１　24（1）ハ）。

●設立登記申請書

合同会社設立登記申請書

フリガナ　○○
1　商号　○○合同会社
1　本店　・・・・・・
1　登記の事由　設立の手続終了
1　登記すべき事項　別紙のとおり（注１）
1　課税標準金額　金　　　　円
1　登録免許税　　金　　　　円（注２）
1　添付書類
（省略）

上記のとおり登記の申請をします。
令和　年　月　日

○○県○○市○○
申請人　○○合同会社
○○県○○市○○
代表社員　甲山一郎　　印（注３）
連絡先の電話番号　○○○○○○○○○○

○○法務局　○○支局（出張所）　御中

注１　登記すべき事項（会社法第914条）を申請書に記載して提出します。ここでは登記すべき事項を別紙に記載した例を紹介していますが、別紙ではなく登記すべき事項を記録した磁気ディスクを申請書と一緒に提出する方法も可能です。

注２　株式会社と同様です。（81頁　注２　参照）

注３　登記所に提出した印鑑（87頁　参照　印鑑届出書により届け出た印鑑）を押します。

●【別紙】

「商号」○○合同会社
「本店」○○県○○市○○
「公告をする方法」○○に掲載してする。
「目的」
１．農畜産物の生産販売
２．農畜産物を原材料とする食料品の製造販売
３．農畜産物の貯蔵、運搬及び販売
４．農業生産に必要な資材の製造販売
５．農作業の受託
６．○○○
７．前各号に附帯関連する一切の事業
「資本金の額」金　円
「社員に関する事項」
「資格」業務執行社員
「氏名」甲山一郎
「社員に関する事項」
「資格」業務執行社員
「氏名」乙山二郎
「社員に関する事項」
「資格」業務執行社員
「氏名」丙山三郎
「社員に関する事項」
「資格」代表社員
「住所」○○県○○市○○
「氏名」甲山一郎
「登記記録に関する事項」設立

●設立に必要な添付書類

・申請書の添付書類の例（設立に際して出資される財産が金銭のみの場合）

定款　１通　注１
代表社員、本店所在地及び資本金を決定したことを証する書面　１通　注２
代表社員の就任承諾書　１通　注３
払込みがあったことを証する書面　１通　注４

注１　公証人の認証は不要です。

・代表社員、本店所在地及び資本金を決定したことを証する書面の例

> 代表社員、本店所在地及び資本金決定書
>
> 令和　年　月　日、○○合同会社創立事務所において、その社員全員の一致により、次のとおり決定した。
>
> 1　代表社員　○○
>
> 2　本店　○○県○○市○○番地
>
> 3　資本金　金○○円
>
> 上記決定事項を証するため、社員全員により次のとおり記名押印する。
>
> 令和　年　月　日
>
> ○○合同会社
>
> 社員　甲山一郎　印
>
> 社員　乙山二郎　印
>
> 社員　丙山三郎　印

注2　代表社員（各自代表とせず、定款によっても指名をしなかった場合　94頁参照）、具体的な本店所在場所（64頁参照）及び資本金の額を定款で定めなかった場合、定めていない事項の決定を証する書面を作成し、添付する必要があります。

・代表社員の就任承諾書の例

> 就任承諾書
>
> 私は、令和　年　月　日、貴社の代表社員に選定されたので、その就任を承諾します。
>
> 令和　年　月　日
>
> ○○県○○市○○
>
> 甲山一郎　印
>
> ○○合同会社　御中

注3　定款の定めに基づく社員の互選によって代表社員を定めたときは、代表社員の就任承諾書を添付します（平成18年３月31日民商第782号通達）。

・払込みがあったことを証する書面の例

> 払込みがあったことを証する書面
>
> 当会社の資本金については以下のとおり、全額の払込みがあったことを証明します。
>
> 払込みを受けた金額　金○○円
>
> 令和　年　月　日
>
> ○○合同会社
>
> 代表社員　甲山一郎　印

注4　金銭による出資が払い込まれたことを証する書面です。この書面に、預金通帳の写し（口座名義人が判明する部分を含む）を併せてとじ、印鑑で契印をします。押印はすべて登記所に届け出るべき印鑑を押印します。預金通帳の写しには、出資金額が入金されたことを確認できるように指示（例：ラインマーカー）します。払込みがあったことを証する書面としては、代表社員が作成した出資金を受領したことを示す領収書

（出資金領収書）でもよいとされますが、株式会社と同様に本例で示した通帳の写しを合綴した書面（70頁参照）を提出する方法が一般的です。

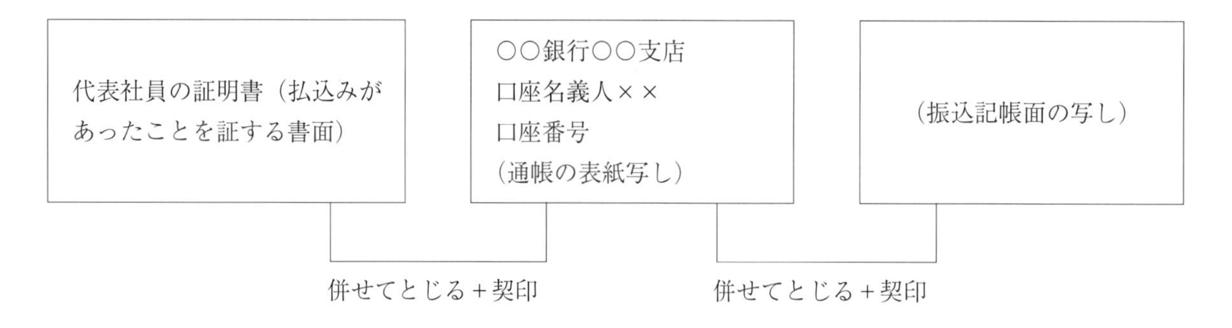

5．印鑑の提出と印鑑カード交付申請

合同会社の設立の登記を書面で申請する場合には、登記申請の際に印鑑届出書によって代表役員が使用する法人の印鑑を登記所に届け出ます（137頁参照）。また、印鑑カード交付申請書を提出することで印鑑カードが発行され、届け出た印鑑についての印鑑証明書を取得することができるようになります（88頁参照）。

Ⅲ　農事組合法人

１．設立の手順

農事組合法人を設立するには、３人以上の農民が発起人となることが必要であるとともに組織の存続のためにも３人以上の組合員が必要です。

発起人は共同して定款を作成し、役員を選任し、その他設立に必要な行為を行います。理事は必ず組合員の中から選任しなければなりません。

発起人が理事を選任したときは、遅滞なくその事務を理事に引き継ぎます。なお、農事組合法人の設立については、農業協同組合のような行政庁の認可は必要としませんが、法人の成立後２週間以内に、登記簿の謄本、定款等を添えて、行政庁に届け出なければなりません。

出資農事組合法人は、出資の第１回の払い込みがあった日から、また、非出資農事組合法人にあっては、発起人が役員を選任した日からそれぞれ２週間以内に、主たる事務所の所在地において設立の登記をしなければなりません。

農事組合法人は主たる事務所の所在地において、設立の登記をすることによって成立し、法人格を取得します。

以上の手順をまとめると次表のようになります。

農事組合法人設立の手順

	事項・事務	行為者	期日	必要書類	摘要
発起人の行う設立行為	発起人会の開催	発起人	随時		３人以上の農民が発起人となること。
	事業目論見書の作成	発起人			名称、事業の目的、事業計画、資金計画、収支計画、出資等の記載
	定款の作成	発起人共同		定款例参照	
	設立同意の申出	組合員になろうとするもの		設立同意書	通常、発起人全員が組合員となる。
	役員の選任	発起人			
理事が行う設立行為	設立事務の引渡	発起人→理事	理事選任後遅滞なく。		
	出資の払込	組合員→組合	理事の事務引渡後遅滞なく。		出資組合に限る事務。
	設立の登記	理事	（出資組合） 出資払込の日から２週間以内 （非出資組合）	設立登記申請書類	

		役員選出の日から2週間以内		
行政庁への設立の届出	理　事	設立登記の日から2週間以内	設立届	

2．農事組合法人設立事務の概要

ア　発起人会の開催

① 3人以上の農民等が発起人となることが必要です。

② 当初の組合員はなるべく全員を発起人にすることが望まれます。

③ 組合員資格を定款で定めることができます。

④ 発起人は共同して定款を作成します。

⑤ 発起人代表を定めておくことが望まれます。

イ　事業目論見書または事業計画書の作成

法律上は作成の義務はありませんが、組合の概要を知らせるために必要です。行政庁への設立届出の際、必要になることがあります。

〔様式例〕

事業計画書（事業目論見書）例

事業計画書（または事業目論見書）

1．法人の名称

2．法人の所在地

3．事業の方針

4．組織の内容

(1)地区

(2)組合員

ア．農業経営者　　　人

イ．農業従事者　　　人（うち世帯員　　　人）

5．事業の種類（下記の内容について具体的に記す）

(1) 組合員の農業に係る共同利用施設の設置（当該施設を利用して行う組合員の生産する物資の運搬、加工又は貯蔵の事業を含む。）及び農作業の共同化に関する事業

(2) 農業の経営及びこれと併せ行う林業の経営

(3) 前号に掲げる農業に関連する事業であって、次に掲げるもの

① 農畜産物を原料又は材料として使用する製造又は加工

② 農畜産物の貯蔵、運搬又は販売

③ 農業生産に必要な資材の製造

④ 農作業の受託

(4) 前3号の事業に附帯する事業

6．資金計画

ア．出資の種類（現金・現物別及び各人別の内訳）

イ．出資金（資本金）　　　円（現金・現物別…農事組合法人は払込済出資金）

ウ．一　口　金　額　　　円

エ．最高口数

オ．必要資金の種類と金額（別紙により個別明細で示す）

カ．資金の手当（別紙により個別明細で示す）

㋐　近代化資金等の制度資金

㋑　借入金（その他の借入金）

㋒　その他（補助金等）

計

7．施設の整備（別紙により個別に示す）

(1)　施設の名称・型式

(2)　使用の用途及び使用効果

(3)　取得時期

(4)　所要経費

8．貸借対照表（開始時）

9．収支計画（別紙により示す）

(1)　事業収支（及びその内訳）

(2)　事業管理費（及びその内訳）

(3)　借入金の償還計画

10．農地法第2条第3項に規定する要件整備状況（農業経営の場合）

(1)　事業要件（耕作に関する農業経営の具体的な内容）

(2)　議決権要件（農地提供者の氏名及び労働提供者の氏名並びに提供の程度）

(3)　役員要件（役員の氏名及び事業の従事の程度）

（注）　様式はすべてA４判またはB５判とします。以下省略。

3．集落営農組織の法人化

近年、集落営農組織の法人化が進展しており、農事組合法人の形態を採用されることが多いことから、集落営農組織の法人化についても説明します（集落営農組織の法人化は株式会社の選択も可能です。以下のア〜エは株式会社の場合も同様ですので、定款の作成以降は59頁からの株式会社の設立をご参照ください）。

ア　これまでの取り組みの評価と組織再編成のための合意形成

集落営農組織の法人化検討にあたっては、これまで取り組んできた任意組合の活動の評価が必要です。従来の活動のままで法人として経営できるのか、不足する点はないのか、強化するところはないのか、など組織再編に向けて従来の活動を点検します。

そして、新たに法人化するための合意形成を図ります。

法人化の検討は、集落営農組織の役員や法人化検討委員会等の専門組織を作って何度も検討します。そのような場である程度法人化が具体的になってきたところで集落営農組織の組合員に説明することが必要です。検討してきた結果を資料に取りまとめて、説明することで組合員全員の理解、合意形成につながります。

イ　法人設立のための発起人会の結成

法人という、新たな組織を立ち上げるわけですから、発起人はその組織と集落の農業と農地利用の方向付けを行うことになります。

今後、5年・10年、それよりももっと長く経営を続けるためには、どのような組織を作っていくのがよいか、組織デザインを任せられる人材を集落の中から選任します。

できるだけ若く、今後の経営を任せられる人材や集落内で人望の厚い人、会社経験のある人などを発起人に選任しましょう。

事例では、アに記載したとおり、集落営農組織の役員や法人化検討委員会等のメンバーが発起人となるケースが多いようです。集落営農組織の現状、問題点、これからの運営方法についてこれらのメンバーが中心となって検討をすすめます。一般的には、事業目論見書や定款を検討していくことになります。

ウ　事業目論見書の作成

新たな組織の事業計画・経営計画を事業目論見書として作成します。

集落営農組織を法人化する場合、この事業目論見書が大変重要なポイントであり、後日、集落の農業者を集めて開催する、「事業（法人）説明会」の中心資料となります。

集落の多くの農業者から出資してもらおうということであれば、ある程度の目算が立っていなければなりません。

特に、設立趣旨・経営目的（事業方針）と経営収支計画については、充分検討する必要があります。

設立趣旨・経営目的（事業方針）は「集落の農業・農地の将来ビジョン」にあたるもので、「なぜ法人を設立するのか」、「どういう法人を設立するのか」、「どんな経営を目指すのか」、といった点を文章で表現し、未来の集落の姿として明確にすることが重要です。さらに、経営収支計画は売上を厳しく見積もり、費用は多めに見積もります。その結果、赤字になるようであれば、赤字を埋めるためにどうするのか、といった点を検討していくことになります。

また、集落営農組織が任意組合の場合、集落営農組織の資産は組合員の共有名義となります。集落営農組織の資産を法人が引き継ぐことになりますので、当初の組合員は、集落営農組織の組合員全員であることが望まれます。

エ　集落営農組織の組合員等への「事業（法人）説明会」の開催

事業目論見書と定款（案）ができた段階で、集落の農家を集めて「事業（法人）説明会」を開催します。

発起人がどんな法人を、どういった理由で設立しようとしているのかを理解してもらいます。そして、一人（一戸）あたりの出資額を明示して、設立同意を求めます。

農事組合法人の場合は、この段階で「設立同意書」と「出資引受書」を作成し、同意者に提出を求めますので、株式会社であっても、書面で同意を確認した方がいいでしょう。

なお、一人（一戸）あたりの出資額については、農家ごとの経営面積割や均等割などを組み合わせて計算します。

もし、同意が得られずに資本金（出資金）が集まらなかった場合は、経営内容を再検討して考えるのか、当初の見積もり額どおりの資本金（出資金）になるように再度調整するのかもあらかじめ決めておきましょう。

オ　役員の選任

今後の経営を任せられる人材や集落内で人望の厚い人、会社の役員経験のある人などを選任しましょう。また、経営の継続性を考慮して若い人を選任することも重要です。

事例では、当初の役員には、発起人が就任することが多いようです。

4．農事組合法人の定款作成

定款に記載すべき事項を大別すると、絶対的記載事項、相対的記載事項及び任意的記載事項があります。

ア　絶対的記載事項

定款の絶対的記載事項は、定款に必ず記載しなければならない事項であり、列挙すれば次のとおりです。なお、非出資農事組合法人にあっては次の⑥、⑦、⑧の事項は不要です。

①　事業（定款例第６条）

農協法72条の10に掲げる事業で、具体的にその法人が行おうとする事業を記載します。事業の定め方はできるだけ具体的に示すべきであり、抽象的な記載は行わないことが望まれます。

②　名称（定款例第２条）

当該組合の名称であって、その名称中には農事組合法人という文字を必ず用いなければなりません。

集落営農の場合、次代を担う若者の意見を聞いたり、集落内で名称を募集することもあります。

③　地区（定款例第３条）

地区とは組合員の資格を決定する地域の基準となるものですから、一般的には市町村区及び大字・字名などが用いられます。

集落営農組織の場合、現行の営農組織の組合員の状況に応じて地区を決定します。

④　事務所の所在地（定款例第４条）

事務所の所在する最小行政区域、すなわち、市、町、村、区等を指しますので、所在地番まで記載することを要しません。しかし、所在地番を記載しない場合は、理事会において所在地を決定します。このような場合の設立登記申請書には理事会議事録の添付を要します。

⑤　組合員たる資格並びに組合員の加入及び脱退に関する規定（定款例第８条、第９条、第13条）

組合員の加入・脱退に関する規定としては、農協法第73条第１項等で規定する加入の手続き、出資金、承諾の通知等です。

⑥　出資１口の金額及びその払い込みの方法並びに１組合員の有することのできる出資口数の最高限度

出資の払い込みは、普通全額一時払い込みとなっています。

⑦　剰余金の処分及び損失の処理に関する規定（定款例第37条、第41条）

剰余金のうちから積み立てるべき準備金及び積立金の積立、剰余金の配当、役員賞与、翌年度繰越金等について記載します。

⑧　利益準備金の額及びその積立の方法（定款例第38条）

出資農事組合法人は法律で法定準備金の額について規定されていますが、具体的には定款で定めます。積立の方法とは、毎事業年度の剰余金から一定の割合を積み立てる等の規定です。

なお、定款で定める額に達するまでは、毎事業年度の剰余金の10分の１以上を準備金として控除した後でなければ剰余金の配当はできません。

⑨　役員の定数、職務の分担及び任免に関する規定（定款例第19条から第22条まで）

役員の定数については、法律上その最低数は規定されていませんので、定款で必要に応じて具体的に定数を定めることになります。

⑩　事業年度

事業年度は法人の事業運営上の計算関係を処理するための期間であり、その末日が決算期となり、その事業年度の総決算を行います。

法人税の申告は一般に事業年度終了後２カ月以内となっています。したがって、決算期は棚卸資産が少なく、納税資金がある時期が最適です。また、顧問税理士を依頼される場合は、事業年度について顧問税理士と相談することをお勧めします。

⑪　公告の方法

公告の方法については、法律上とくに規定されていないので、法人の実情に応じて、例えば、組合の掲示場に掲示する等を定めます。電子公告も許容されました。

イ　相対的記載事項（農協法第28条第３項）

相対的記載事項とは、必ずしも定款に記載することを要しない事項ですが、次のような場合にはこれを定款に定めなければ効力を生じません。

①　現物出資の定め

現物出資をする者を定めたときは、その者の氏名、出資の目的たる財産及びその価額並びにこれに対して与える出資口数を記載しなければなりません。

②　出資組合とすること（農協法第28条１項ただし書き）

定款に定めることによって、組合員に出資させることができます。

出資農事組合法人の組合員は、出資１口以上を有しなければならないことになっています。

１口の金額の定めはありませんが、均一であることとされています。

③　存立時期の定め

存立時期を定めたときは、その時期を定款に記載しなければなりません。

ウ　任意的記載事項

定款には上記のほか、法令中の強行規定や法律の本質に反しない限り、どのような事項でも定めることができます。これらの任意的記載事項を定款に定めたときは、それが適法である限り組合員及び組合機関を拘束することになりますので、内容をよく検討して定めることが大切です。

出資制農事組合法人の定款例を示すと次のとおりです。これは農林水産省が示した定款例です。実際にはこれを参考にしてよく協議し、設立しようとする法人の経営にあった定款を作成することが望まれます。

また、農林水産省が示す定款例は変更される場合があります。農林水産省ホームページ等で最新の情報を入手するように留意してください。ここでは、平成29年４月21日改正の定款例を掲載します。

農事組合法人定款例（出資制の場合）

農業協同組合、農業協同組合連合会、農業協同組合中央会及び農事組合法人の指導監督等（信用事業及び共済事業のみに係るものを除く。）に当たっての留意事項について（平成14年３月１日付13経営第6051号経営局長名通知） Ⅳ－２ 別紙定款例（農事組合法人定款例）

制定 平成14年３月１日
改正 平成15年３月31日
平成18年７月20日
平成18年12月18日
平成19年１月25日
平成23年２月28日
平成25年５月15日
平成27年３月３日
平成28年４月１日
平成29年４月21日

農事組合法人定款例（出資制の場合）

第１章　総　則

（目的）

第１条　この組合は、組合員の農業生産についての協業を図ることによりその生産性を向上させ、組合員の共同の利益を増進することを目的とする。

（名称）

第２条　この組合は、農事組合法人○○（又は○○農事組合法人）という。

（地区）

第３条　この組合の地区は、○○県○○郡○○村字○○の区域とする。

（事務所）

第４条　この組合は、事務所を○○県○○郡○○村に置く。

（公告の方法）

第５条　この組合の公告は、この組合の掲示場に掲示してこれをする。

2　前項の公告の内容は、必要があるときは、書面をもって組合員に通知するものとする。

［備考］　地区の範囲は、農民たる組合員の住所がある最小行政区画（市町村区）又はそれ以下（大字、字等）で規定することとし、最小行政区画が複数ある場合は、これを列記すること。

［備考］　所在地については、最小行政区画まで記載すれば足りる。

［備考］1　事務所の掲示場に掲示する方法のほか、時事に関する事項を掲示する日刊新聞紙に掲載する方法により公告を行う場合には、本条第1項を次のように規定すること。

（公告の方法）

第5条　この組合の公告は、この組合の掲示場に掲示し、かつ、○○において発行する△△新聞に掲載する方法によってこれをする。

（注）1　「○○において発行する△△新聞」の「○○」には都道府県名などの発行地を記載する。なお、発行地を限定しない場合には、「○○において発行する」を削ること。

2　時事に関する事項を掲載する日刊新聞紙による公告ではなく官報に掲載する方法による場合は、「○○において発行する△△新聞」を「官報」に改めること。

2　時事に関する事項を掲載する日刊新聞紙による公告ではなく電子公告による公告を行う場合は、本条第1項を次のように規定すること。

（公告の方法）

第2章　事　業

（事業）

第6条　この組合は、次の事業を行う。

⑴　組合員の農業に係る共同利用施設の設置（当該施設を利用して行う組合員の生産する物資の運搬、加工又は貯蔵の事業を含む。）及び農作業の共同化に関する事業

⑵　農業の経営

⑶　前２号の事業に附帯する事業

（員外利用）

第7条　この組合は、組合員の利用に差し支えない限り、組合員以外の者に前条第１号の事業を利用させることができる。ただし、組合員以外の者の利用は、農業協同組合法（昭和22年法律第132号。以下「法」という。）第72条の10第３項に規定する範囲内とする。

第3章　組合員

（組合員の資格）

第8条　次に掲げる者は、この組合の組合員となることができる。

⑴　農業を営む個人であって、その住所又はその経営に係る土地若しくは施設がこの組合の地区内にあるもの

⑵　農業に従事する個人であって、その住所又はその従事する農業に係る土地若しくは施設がこの組合の地区内にあるもの

⑶　農業協同組合及び農業協同組合連合会で、その地区にこの組合の地区の全部又は一部を含むもの

⑷　この組合に農業経営基盤強化促進法（昭和55年法律第65号）第７条第３号に掲げる事業に係る現物出資を行った農地中間管理機構

⑸　この組合からその事業に係る物資の供給又は役務の提供を継続して受ける個人

⑹　この組合に対してその事業に係る特許権についての専用実施権の設定又は通常実施権の許諾に係る契約、新商品又は新技術の開発又は提供に係る契約、実用新案権についての専用実施権の設定又は通常実施権の許諾に係る契約及び育成者権についての専用利用権の設定又は通常利用権の許諾に係る契約を締結している者

２　この組合の前項第１号又は第２号の規定による組合員が農業を営み、若しくは従事する個人でなくなり、又は死亡した場合におけるその農業を営まなくなり、若しくは従事しなくなった個人又はその死亡した者の相続人であって農業を営まず、若しくは従事しないものは、この組合との関係においては、農

第５条　この組合の公告は、この組合の掲示場に掲示し、かつ、電子公告による公告によってこれをする。ただし、事故その他やむを得ない事由によって電子公告によることができないときは、〇〇において発行する△△新聞に掲載するものとする。

（注）　事故その他やむを得ない事由によって電子公告によることができないときに、官報による公告を行う場合は、「〇〇において発行する△△新聞」を「官報」に改めること。

［備考］１　列挙事業中行わない事業は削ること。また、養畜等農業の一部門についての事業を行う組合は、各号中「農業」をその内容に応じてそれぞれ適当な字句に改めること。

２　法第72条の10第１項第２号かっこ書の事業を行う場合は、第３号中「前２号」を「前４号」に改め、同号を第５号とし、第２号の次に次の２号を加える。ただし、以下の列挙事業中行わない事業は削ること。

⑶　前号に掲げる農業に関連する事業であって、次に掲げるもの

①　農畜産物を原料又は材料として使用する製造又は加工

②　農畜産物の貯蔵、運搬又は販売

③　農業生産に必要な資材の製造

④　農作業の受託

⑷　農業と併せ行う林業の経営

３　なお、水産業、産業廃棄物処理業、経営コンサルタント業など法第72条の10第１項に規定された事業に該当しないものは、農事組合法人の定款に一切規定できないので、留意すること。

［備考］１　第６条第２号の事業を行わない組合においては、本条を次のように改めること。

（組合員の資格）

第８条　次に掲げる者は、この組合の組合員となることができる。

⑴　農業を営む個人であって、その住所又はその経営に係る土地若しくは施設がこの組合の地区内にあるもの

⑵　農業に従事する個人であって、その住所又はその従事する農業に係る土地若しくは施設がこの組合の地区内にあるもの

２　例えば、酪農業に関する共同利用施設の設置を行う組合においては、本条を次のように改める等各組合の実態に即して組合員資格を具体的に明記すること。

（組合員の資格）

第８条　次に掲げる者は、この組合の組合員となることができる。

⑴　乳牛〇頭以上を飼養する酪農を営む個人であって、その住所又はその経営に係る土地若しくは施設がこの組合の地区内にあるもの

⑵　乳牛〇頭以上を飼養する酪農に従事する個人であって、その住所又はその従事する酪農に係る土地若しくは施設がこの組合の地区内にあるもの

３　農業経営基盤強化促進法（昭和55年法律第65号）第28条第２項において準用する同条第１項に

業を営み、又は従事する個人とみなす。

3　この組合の組合員のうち第１項第５号及び第６号に掲げる者及び前項の規定により農業を営み、又は従事する個人とみなされる者の数は、総組合員の数の３分の１を超えてはならない。

（加入）

第９条　この組合の組合員になろうとする者は、引き受けようとする出資口数及びこの組合の事業に常時従事するかどうかを記載した加入申込書をこの組合に提出しなければならない。

2　この組合は、前項の申込書の提出があったときは、総会でその加入の諾否を決する。

3　この組合は、前項の規定によりその加入を承諾したときは、書面をもってその旨を加入申込みをした者に通知し、出資の払込みをさせるとともに組合員名簿に記載し、又は記録するものとする。

4　加入申込みをした者は、前項の規定による出資の払込みをすることによって組合員となる。

5　出資口数を増加しようとする組合員については、第１項から第３項までの規定を準用する。

（資格変動の申出）

第10条　組合員は、前条第１項の規定により提出した書類の記載事項に変更があったとき又は組合員たる資格を失ったときは、直ちにその旨を書面でこの組合に届け出なければならない。

（持分の譲渡）

第11条　組合員は、この組合の承認を得なければ、その持分を譲り渡すことができない。

2　組合員でない者が持分を譲り受けようとするときは、第９条第１項から第４項までの規定を準用する。この場合において、同条第３項の出資の払込みは必要とせず、同条第４項中「出資の払込み」とあるのは「通知」と読み替えるものとする。

（相続による加入）

第12条　組合員の相続人で、その組合員の死亡により、持分の払戻請求権の全部を取得した者が、相続開始後60日以内にこの組合に加入の申込みをし、組合がこれを承諾したときは、その相続人は被相続人の

よる組合員たる地位の継続を認める農事組合法人に関しては、第３項を第４項とし、第２項の次に次の１項を加えること。

3　農業経営基盤強化促進法第19条の規定による公告があった農用地利用集積計画の定めるところによって利用権を設定したことにより、この組合の組合員でなくなった者で同法第23条第１項の認定を受けた農用地利用改善事業を行う団体（以下「農用地利用改善事業実施団体」という。）の構成員であるもののうち、当該利用権の設定前に又は設定後遅滞なくこの組合に申出をし、次の各号に掲げる要件に該当する者である旨の理事の過半数による確認を受けたものは、引き続きこの組合の組合員とする。

⑴　その住所がこの組合の地区内にある者であること。

⑵　利用権を設定した土地の全部又は一部がその者が構成員となっている農用地利用改善事業実施団体の農用地利用規程において定める農用地利用改善事業の実施区域（この組合の地区内に限る。）の地区内にあること。

⑶　農民である組合員と協同して農業の生産性を向上させ、組合員の共同の利益を増進すると認められる者であること。

4　農業法人に対する投資の円滑化に関する特別措置法（平成14年法律第52号）第９条により、農業法人投資育成事業を営む株式会社からの出資を認める農事組合法人においては、本条第１項に次の１号を加えること。

⑺　この組合に農業法人に対する投資の円滑化に関する特別措置法（平成14年法律第52号）第６条に規定する承認事業計画に従って同法第２条第２項に規定する農業法人投資育成事業に係る投資を行った同法第５条に規定する承認会社

[編注]

農事組合法人定款例第８条の備考４については、法律改正により、「農林漁業法人等に対する投資の円滑化に関する特別措置法（平成14年法律第52号）第９条により、農林漁業法人等投資育成事業を営む株式会社からの出資を認める農事組合法人においては、本条第１項に次の号を加えること

(7) この組合に農林漁業法人等に対する投資の円滑化に関する特別措置法（平成14年法律第52号）第６条に規定する承認事業計画に従って同法第２条第２項に規定する農林漁業法人等投資育成事業に係る投資を行った同法第５条に規定する承認会社」と改められることになる。

[備考] 1　第６条第２号の事業を行わない組合においては、本条第１項中「及びこの組合の事業に常時従事するかどうか」を削ること。

2　現物出資を認めようとする組合においては、第１項中「出資口数」の次に「（現物出資をしようとする者にあっては、出資の目的たる財産）」を加え、第３項中「出資の払込み」の次に「（現物出資にあっては、出資の目的たる財産の給付。次項において同じ。）」を加えること。

3　出資について分割払込制を採る組合においては、本条第３項中「出資の払込み」を「出資の第１回の払込み」に改めること。

4　加入の諾否の決定を、組合員全員の同意にかからしめる場合には、本条第２項中「総会で」を「組合員全員の同意を得て」に、理事の過半数の同意にかからしめる場合には、本条第２項中「総会」を「理事の過半」に改めること。

持分を取得したものとみなす。
2　前項の規定により加入の申込みをしようとするときは、当該持分の払戻請求権の全部を取得したことを証する書面を提出しなければならない。

（脱退）

第13条　組合員は、60日前までにその旨を書面をもってこの組合に予告し、当該事業年度の終わりにおいて脱退することができる。
2　組合員は、次の事由によって脱退する。
(1)　組合員たる資格の喪失
(2)　死亡又は解散
(3)　除名

（除名）

第14条　組合員が、次の各号のいずれかに該当するときは、総会の議決を経てこれを除名することができる。この場合には、総会の日の10日前までにその組合員に対しその旨を通知し、かつ、総会において弁明する機会を与えなければならない。
(1)　第８条第１項第１号又は第２号の規定による組合員が、正当な理由なくして１年以上この組合の事業に従事せず、かつ、この組合の施設を全く利用しないとき。
(2)　この組合に対する義務の履行を怠ったとき。
(3)　この組合の事業を妨げる行為をしたとき。
(4)　法令、法令に基づいてする行政庁の処分又はこの組合の定款若しくは規約に違反し、その他故意又は重大な過失によりこの組合の信用を失わせるような行為をしたとき。
2　除名を議決したときは、その理由を明らかにした書面をもって、これをその組合員に通知しなければならない。

（持分の払戻し）

第15条　組合員が脱退した場合には、組合員のこの組合に対する出資額（その脱退した事業年度末時点の貸借対照表に計上された資産の総額から負債の総額を控除した額が出資の総額に満たないときは、当該出資額から当該満たない額を各組合員の出資額に応じて減算した額）を限度として持分を払い戻すものとする。
2　脱退した組合員が、この組合に対して払い込むべき債務を有するときは、前項の規定により払い戻すべき額と相殺するものとする。

（出資口数の減少）

第16条　組合員は、やむを得ない理由があるときは、組合の承認を得てその出資の口数を減少することができる。
2　組合員がその出資の口数を減少したときは、減少した口数に係る払込済出資金に対する持分額として前条第１項の例により算定した額を払い戻すものとする。
3　前条第２項の規定は、前項の規定による払戻しについて準用する。

［備考］1　第6条第1号の事業を行わない組合においては、本条第1項第1号を次のように改めること。

⑴　第8条第1項第1号又は第2号の規定による組合員が、正当な理由なくして1年以上この組合の事業に従事しないとき。

2　第6条第2号の事業を行わない組合においては、本条第1項第1号を次のように改めること。

⑴　1年間この組合の施設を全く利用しないとき

［備考］　農地等についての権利を現物出資した組合員に対して、当該組合員の脱退に当たって、当該農地等についての権利を返還しようとする組合においては、本条に次の2項を加えること。

3　第1項の規定により、持分を払い戻す場合においてその払戻しを受けようとする者がこの組合に対し農地等についての権利を現物出資（第12条の規定による当該現物出資に係る持分の取得を含む。）した者又はその相続人であるときは、その者（持分の払戻しを受けようとする相続人が2人以上ある場合には、その全員）の申出により、その持分の全部又は一部の払戻しに代えてその出資に係る農地等についての権利（この組合に属しているものに限る。）の全部又は一部を返還するものとする。この場合において、払い戻すべき持分の額が、出資の額より減少したときは、農地等についての権利の返還に係る持分の額とその出資金額との差額に相当する金額を当該返還を受ける者から徴収する。

4　前項の規定により持分の払戻しに代えて農地等についての権利を返還した場合において、その農地又は採草放牧地につきこの組合が費した有益費があるときは、民法（明治29年法律第89号）第196条第2項本文の規定に従い、これを当該返還を受ける者から徴収する。

［備考］　農地等についての権利を現物出資した組合員に対して、当該組合員の脱退に当たって当該農地等についての権利を返還しようとする場合においては、本条第3項中「前条第2項」を「前条第2項から第4項まで」に改めること。

第4章　出　資

（出資義務）

第17条　組合員は、出資1口以上を持たなければならない。ただし、出資総口数の100分の○○を超えることができない。

（出資1口の金額及び払込方法）

第18条　出資1口の金額は、金○○円とし、全額一時払込みとする。

2　組合員は、前項の規定による出資の払込みについて、相殺をもってこの組合に対抗することができない。

第5章　理　事

（理事の定数）

第19条　この組合に、理事○人を置く。

（理事の選任）

第20条　理事は、総会において選任する。

2　前項の規定による選任は、総組合員の過半数による決議を必要とする。

3　理事は、第8条第1項第1号又は第2号の規定による組合員でなければならない。

（理事の解任）

第21条　理事は、任期中でも総会においてこれを解任することができる。この場合において、理事は、総会の7日前までに、その請求に係る理事にその旨を通知し、かつ、総会において弁明する機会を与えなければならない。

（代表理事の選任）

第22条　理事は、代表理事○人を互選するものとする。

［備考］1　現物出資を認める組合においては、本条に次の１項を加え、定款末尾に別表を加えること。
　２　この組合に現物出資をする組合員の氏名、出資の目的たる財産及びその価額並びにこれに対して与える出資の口数は、別表のとおりとする。
2　農地等についての権利を現物出資した組合員に対して、当該組合員の脱退又は組合の解散等に当たって、当該農地等についての権利を返還しようとする組合においては、本条にさらに次の１項を加えること。
　３　現物出資の目的たる農地についての権利は、当該現物出資（第12条の規定による当該現物出資に係る持分の取得を含む。）をした組合員の承認を得なければ、これを処分することができない。

［備考］　出資について分割払込制を採る組合においては、本条を次のように規定すること。
第18条　出資一口の金額は、金○○円とし、３回分割払込みとする。ただし、全額一時に払い込むことを妨げない。
２　出資第１回の払込金額は、１口につき金○○円以上とし、第２回以後の出資の払込みについては、第１回の出資払込みの事業年度の次の事業年度の○月までに残額の２分の１以上を払い込むものとし、その次の事業年度の○月までに残額の全部を払い込むものとする。
３　組合員は、前２項の規定による出資の払込みについて、相殺をもってこの組合に対抗することができない。

［備考］　監事を置く組合においては、本章を次のように規定すること。
第５章　役　員

［備考］1　各組合の実態に即し、役員の定数、監事の設置の有無を定めること。
2　監事を置く組合においては、本条を次のように規定すること。
第19条　この組合に、役員として、理事○人及び監事○人を置く。

［備考］　監事を置く組合においては、本条を次のように規定すること。
（役員の選任）
第20条　役員は、総会において選任する。
２　前項の規定による選任は、総組合員の過半数による議決を必要とする。
３　理事は、第８条第１項第１号又は第２号の規定による組合員でなければならない。

［備考］　監事を置く組合においては、本条中「理事は、任期中」を「役員は、任期中」に、「理事に」を「役員に」に改めること。

［備考］　農事組合法人は、代表理事を置くことが可能となっているが、法令に基づき設置するものではないため、設置したとしても農事組合法人内の事務の代表となるだけである。また、代表理事を互選したとしても、理事全てに法令による代表権が付与されていることから、設立若しくは理事の変更登記の際には、選任された全ての理事を登記する。

（理事の職務）

第23条　代表理事は、この組合を代表し、その業務を掌理する。

2　理事は、あらかじめ定めた順位に従い、代表理事に事故あるときはその職務を代理し、代表理事が欠員のときはその職務を行う。

（理事の責任）

第24条　理事は、法令、法令に基づいてする行政庁の処分、定款等及び総会の決議を遵守し、この組合のため忠実にその職務を遂行しなければならない。

2　理事は、その職務上知り得た秘密を正当な理由なく他人に漏らしてはならない。

3　理事がその任務を怠ったときは、この組合に対し、これによって生じた損害を賠償する責任を負う。

4　理事がその職務を行うについて悪意又は重大な過失があったときは、その理事は、これによって第三者に生じた損害を賠償する責任を負う。

5　理事が、次の各号に定める行為をしたときも、前項と同様とする。ただし、その者がその行為をすることについて注意を怠らなかったことを証明したときは、この限りでない。

⑴　法第72条の25第１項の規定により作成すべきものに記載し、又は記録すべき重要な事項についての虚偽の記載又は記録

⑵　虚偽の登記

⑶　虚偽の公告

6　理事が、前３項の規定により、この組合又は第三者に生じた損害を賠償する責任を負う場合において、他の理事もその損害を賠償する責任を負うときは、これらの者は、連帯債務者とする。

（理事の任期）

第25条　理事の任期は、就任後〇年以内に終了する最終の事業年度に関する通常総会の終結の時までとする。ただし、補欠選任及び法第95条第２項の規定による改選によって選任される理事の任期は、退任した理事の残任期間とする。

2　前項ただし書の規定による選任が、理事の全員にかかるときは、その任期は、同項ただし書の規定にかかわらず、就任後〇年以内に終了する最終の事業年度に関する通常総会の終結の時までとする。

3　理事の数が、その定数を欠くこととなった場合には、任期の満了又は辞任によって退任した理事は、新たに選任された理事が就任するまで、なお理事としての権利義務を有する。

（特別代理人）

第26条　この組合と理事との利益が相反する事項については、この組合が総会において選任した特別代理人がこの組合を代表する。

第６章　総　会

（総会の招集）

第27条　理事は、毎事業年度１回〇月に通常総会を招集する。

2　理事は、次の場合に臨時総会を招集する。

⑴理事の過半数が必要と認めたとき

［備考］1　理事を２名以上置く組合において、定款に特別の定めがないときは、農事組合法人の業務は理事の過半数で決する。

2　監事を置く組合においては、本条の次に次の１条を加え、次条以降を繰り下げること。

（監事の職務）

第24条　監事は、次に掲げる職務を行う。

(1)　この組合の財産の状況を監査すること。

(2)　理事の業務の執行の状況を監査すること。

(3)　財産の状況及び業務の執行について、法令若しくは定款に違反し、又は著しく不当な事項があると認めるときは、総会又は行政庁に報告すること。

(4)　前号の報告をするために必要があるときは、総会を招集すること。

［備考］　監事を置く組合においては、本条中「理事」を「役員」と改め、第５項を次のように改めること。

5　次の各号に掲げる者が、その各号に定める行為をしたときも、前項と同様とする。ただし、その者がその行為をすることについて注意を怠らなかったことを証明したときは、この限りでない。

(1)　理事　次に掲げる行為

イ　法第72条の25第１項の規定により作成すべきものに記載し、又は記録すべき重要な事項についての虚偽の記載又は記録

ロ　虚偽の登記

ハ　虚偽の公告

(2)　監事　監査報告に記載し、又は記録すべき重要な事項についての虚偽の記載又は記録

［備考］1　監事を置く組合においては、本条中「理事」を「役員」と改めること。

2　理事の任期については、３年以内とすること。

［備考］　監事を置く組合においては、本条に次の１項を加えること。

4　監事は、財産の状況又は業務の執行について法令若しくは定款に違反し、又は著しく不当な事項があると認めた場合において、これを総会に報告するため必要があるときは、総会を招集

(2) 組合員が、その5分の1以上の同意を得て、会議の目的とする事項及び招集の理由を記載した書面を組合に提出して招集を請求したとき

3 理事は、前項第2号の請求があったときは、その請求があった日から10日以内に、総会を招集しなければならない。

(総会の招集手続)

第28条 総会を招集するには、理事は、その総会の日の5日前までに、その会議の目的である事項を示し、組合員に対して書面をもってその通知を発しなければならない。

2 総会招集の通知に際しては、組合員に対し、組合員が議決権を行使するための書面(以下「議決権行使書面」という。)を交付しなければならない。

(総会の決議事項)

第29条 次に掲げる事項は、総会の決議を経なければならない。

(1) 定款の変更

(2) 毎事業年度の事業計画の設定及び変更

(3) 事業報告、貸借対照表、損益計算書及び剰余金処分案又は損失処理案

(総会の定足数)

第30条 総会は、組合員の半数以上が出席しなければ議事を開き決議することができない。この場合において、第34条の規定により、書面又は代理人をもって議決権を行う者は、これを出席者とみなす。

(緊急議案)

第31条 総会では、第28条の規定によりあらかじめ通知した事項に限って、決議するものとする。ただし、第33条各号に規定する事項を除き、緊急を要する事項についてはこの限りでない。

(総会の議事)

第32条 総会の議事は、出席した組合員の議決権の過半数でこれを決し、可否同数のときは、議長の決するところによる。

2 議長は、総会において、総会に出席した組合員の中から組合員がこれを選任する。

3 議長は、組合員として総会の議決に加わる権利を有しない。

(特別議決)

第33条 次の事項は、総組合員の3分の2以上の多数による決議を必要とする。

(1) 定款の変更

(2) 解散及び合併

(3) 組合員の除名

(書面又は代理人による決議)

第34条 組合員は、第28条の規定によりあらかじめ通知のあった事項について、書面又は代理人をもって議決権を行うことができる。

2 前項の規定により書面をもって議決権を行おうとする組合員は、あらかじめ通知のあった事項について、議決権行使書面にそれぞれ賛否を記載し、これに署名又は記名押印の上、総会の日の前日までにこの組合に提出しなければならない。

3 第1項の規定により組合員が議決権を行わせようとする代理人は、その組合員と同一世帯に属する成年者又はその他の組合員でなければならない。

4 代理人は、2人以上の組合員を代理することができない。

5 代理人は、代理権を証する書面をこの組合に提出しなければならない。

する。

［備考］1　他の団体への加入及び団体からの脱退を総会の議決事項とする組合においては、本条に次の１号を加えること。

⑷　団体への加入及び団体からの脱退

2　持分の譲渡及び出資口数の減少を認める組合においては、本条に次の１号を加えること。

⑷　持分の譲渡又は出資口数の減少の承認

［備考］　組合員の加入又は理事の解任について特別議決事項とする組合においては、本条に、次の２号を加えること。なお、監事を置く組合においては、「理事」を「役員」と改めること。また、他の事項について特別決議事項とするときは、その事項を号として加えること。

⑷　この組合への加入（持分の相続又は譲受けによる加入を含む。）の承認

⑸　理事の解任

（議事録）

第35条　総会の議事については、議事録を作成し、次に掲げる事項を記載し、又は記録しなければならない。

⑴　開催の日時及び場所
⑵　議事の経過の要領及びその結果
⑶　出席した理事の氏名
⑷　議長の氏名
⑸　議事録を作成した理事の氏名
⑹　前各号に掲げるもののほか、農林水産省令で定める事項

第７章　会　計

（事業年度）

第36条　この組合の事業年度は、毎年○月○日から翌年○月○日までとする。

（剰余金の処分）

第37条　剰余金は、利益準備金、資本準備金、配当金及び次期繰越金としてこれを処分する。

（利益準備金）

第38条　この組合は、出資総額の○○に達するまで、毎事業年度の剰余金（繰越損失金のある場合は、これを填補した後の残額。第40条第１項において同じ。）の10分の１に相当する金額以上の金額を利益準備金として積み立てるものとする。

（資本準備金）

第39条　減資差益及び合併差益は、資本準備金として積み立てなければならない。ただし、合併差益のうち合併により消滅した組合の利益準備金その他当該組合が合併直前において留保していた利益の額については資本準備金に繰り入れないことができる。

配当は、定款例第６条に規定する事業にあわせて以下の中から規定すること。
なお、配当は、損失を埋め、法第73条第２項において準用する法第51条第１項の利益準備金及び同条第３項の資本準備金を控除した後でなければしてはならない。

【利用分量配当のみを行う場合】

（配当）

第40条　この組合が組合員に対して行う配当は、毎事業年度の剰余金の範囲内において行うものとし、組合員の事業の利用分量の割合に応じてする配当とする。

２　事業の利用分量の割合に応じてする配当は、その事業年度における施設の利用に伴って支払った手数料その他施設の利用の程度を参酌して、組合員の事業の利用分量に応じてこれを行う。

３　前項の配当は、その事業年度の剰余金処分案の決議をする総会の日において組合員である者について計算するものとする。

［備考］1　監事を置く組合においては、第３号中「理事」を「理事及び監事」に改めること。

2　現物出資を認める組合においては、本条に次の１項を加えること。

2　総会において現物出資の目的たる財産の価額及びこれに対して与える出資の口数の決定に係る定款の変更を議決したときは、当該決議に同意した組合員の氏名を当該総会の議事録に記載するものとする。

［備考］　剰余金を任意積立金として処分する組合においては、本条を次のように改め、第39条の次に次の１条を加え、第40条以降を繰り下げること。

第37条　剰余金は、利益準備金、資本準備金、任意積立金、配当金及び次期繰越金としてこれを処分する。

（任意積立金）

第40条　この組合は、毎事業年度の剰余金から第38条の規定により利益準備金として積み立てる金額を控除し、なお残余があるときは、任意積立金として積み立てることができる。

2　任意積立金は、損失金の填補又はこの組合の事業の改善発達のための支出その他の総会の決議により定めた支出に充てるものとする。

［備考］1　利益準備金の額は、出資総額の２分の１を下ってはならない。

2　任意積立金の規定を置く組合においては、「第40条第１項」を「第40条第１項及び第41条第１項」に改めること。

4　配当金の計算上生じた１円未満の端数は、切り捨てるものとする。

【従事分量配当のみを行う場合】

（配当）

第40条　この組合が組合員に対して行う配当は、毎事業年度の剰余金の範囲内において行うものとし、組合員がその事業に従事した程度に応じてする配当とする。

2　事業に従事した程度に応じてする配当は、その事業年度において組合員がこの組合の営む事業に従事した日数及びその労務の内容、責任の程度等に応じてこれを行う。

3　前項の配当は、その事業年度の剰余金処分案の決議をする総会の日において組合員である者について計算するものとする。

4　配当金の計算上生じた１円未満の端数は、切り捨てるものとする。

【利用分量配当及び従事分量配当を行う場合】

（配当）

第40条　この組合が組合員に対して行う配当は、毎事業年度の剰余金の範囲内において行うものとし、組合員の事業の利用分量の割合に応じてする配当及び組合員がその事業に従事した程度に応じてする配当とする。

2　事業の利用分量の割合に応じてする配当は、その事業年度における施設の利用に伴って支払った手数料その他施設の利用の程度を参酌して、組合員の事業の利用分量に応じてこれを行う。

3　事業に従事した程度に応じてする配当は、その事業年度において組合員がこの組合の営む事業に従事した日数及びその労務の内容、責任の程度等に応じてこれを行う。

4　前２項の配当は、その事業年度の剰余金処分案の決議をする総会の日において組合員である者について計算するものとする。

5　配当金の計算上生じた１円未満の端数は、切り捨てるものとする。

【利用分量配当及び出資配当を行う場合】

（配当）

第40条　この組合が組合員に対して行う配当は、毎事業年度の剰余金の範囲内において行うものとし、組合員の事業の利用分量の割合に応じてする配当及び組合員の出資の額に応じてする配当とする。

2　事業の利用分量の割合に応じてする配当は、その事業年度における施設の利用に伴って支払った手数料その他施設の利用の程度を参酌して、組合員の事業の利用分量に応じてこれを行う。

3　出資の額に応じてする配当は、事業年度末における組合員の払込済出資額に応じてこれを行う。

4　前２項の配当は、その事業年度の剰余金処分案の決議をする総会の日において組合員である者について計算するものとする。

5　配当金の計算上生じた１円未満の端数は、切り捨てるものとする。

【従事分量配当及び出資配当を行う場合】

（配当）

第40条　この組合が組合員に対して行う配当は、毎事業年度の剰余金の範囲内において行うものとし、組合員がその事業に従事した程度に応じてする配当及び組合員の出資の額に応じてする配当とする。

2　事業に従事した程度に応じてする配当は、その事業年度において組合員がこの組合の営む事業に従事した日数及びその労務の内容、責任の程度等に応じてこれを行う。

3　出資の額に応じてする配当は、事業年度末における組合員の払込済出資額に応じてこれを行う。

4　前２項の配当は、その事業年度の剰余金処分案の決議をする総会の日において組合員である者について計算するものとする。

5　配当金の計算上生じた１円未満の端数は、切り捨てるものとする。

【利用分量配当、従事分量配当及び出資配当を行う場合】

（配当）

第40条　この組合が組合員に対して行う配当は、毎事業年度の剰余金の範囲内において行うものとし、組合員の事業の利用分量の割合に応じてする配当、組合員がその事業に従事した程度に応じてする配当及び組合員の出資の額に応じてする配当とする。

2　事業の利用分量の割合に応じてする配当は、その事業年度における施設の利用に伴って支払った手数料その他施設の利用の程度を参酌して、組合員の事業の利用分量に応じてこれを行う。

3　事業に従事した程度に応じてする配当は、その事業年度において組合員がこの組合の営む事業に従事した日数及びその労務の内容、責任の程度等に応じてこれを行う。

4　出資の額に応じてする配当は、事業年度末における組合員の払込済出資額に応じてこれを行う。

5　前３項の配当は、その事業年度の剰余金処分案の決議をする総会の日において組合員である者について計算するものとする。

6　配当金の計算上生じた１円未満の端数は、切り捨てるものとする。

（損失金の処理）

第41条　この組合は、事業年度末に損失金がある場合には、利益準備金及び資本準備金の順に取り崩して、その填補に充てるものとする。

第８章　雑　則

（残余財産の分配）

第42条　この組合の解散のときにおける残余財産の分配の方法は、総会においてこれを定める。

2　第15条第２項の規定は、前項の規定による残余財産の分配について準用する。

3　持分を算定するに当たり、計算の基礎となる金額で１円未満のものは、これを切り捨てるものとする。

附　則

この組合の設立当初の役員は、第20条の規定にかかわらず次のとおりとし、その任期は、第25条第１項の規定にかかわらず　　年　　月　　日までとする。

理事　○○○○、○○○○、○○○○

監事　○○○○

（備考）　現物出資を認める組合においては、次の別表を加えること。

別　表

組合員の氏名	現物出資の目的たる財産	当該財産の価額	当該組合員に与える出資口数

［備考］　剰余金を任意積立金として処分する組合においては、本条を次のように改めること。

第41条　この組合は、事業年度末に損失金がある場合には、任意積立金、利益準備金及び資本準備金の順に取り崩して、その填補に充てるものとする。

［備考］　農地等についての権利を現物出資した組合員に対して、この組合の解散について当該農地等についての権利を返還しようとする組合においては、本条第２項中「第15条第２項」を「第15条第２項から第４項まで」に改めること。

5．農事組合法人の設立登記手続き

ア　設立登記

設立の登記とは農事組合法人を設立する際、主たる事務所の所在地を管轄する法務局（登記所）でする登記をいいます。

イ　登記期間

出資農事組合法人にあっては出資第１回の払い込みがあった日から、また、非出資農事組合法人にあっては発起人が役員を選任した日から、２週間以内に主たる事務所を管轄する法務局（登記所）でこれをしなければなりません。

ウ　登記事項

①　名称

農事組合法人の名称を必ず用います。

②　事務所

現実に設置された主たる事務所の場所、所在地番まで登記します。

③　事業

定款に記載された事業をそのまま記載します。

④　地区

定款に記載された地区を表示します。

⑤　出資１口の金額及び払い込みの方法並びに出資の総口数及び払込済みの出資の総額

出資組合のみ記載します。

⑥　代表権を有する者の氏名、住所及び資格

理事はすべて法人の事務について法人を代表すべきものとされているので、全員の登記を要します。

⑦　公告の方法

定款に記載されたものを登記します。

農事組合法人設立登記申請書例（出資組合の場合）　　（記載例）

農事組合法人設立登記申請書

1. 名　称　　農事組合法人〇〇農場
1. 主たる事務所　〇〇県〇〇郡〇〇町大字〇〇字〇〇××番地
1. 登記の事由　　平成〇年〇月〇日設立手続終了　（注　）
1. 登記すべき事項　　別紙のとおり　　（注２）
1. 添付書類

定款	１通
出資引受書	１通（注３）
出資金領収書	１通（注３）
（出資の目的たる財産の給付があったことを証する書面）（注４）	
役員選任書	１通（注５）
理事就任承諾書	１通（注６）
委任状	１通（注７）

上記のとおり登記の申請をする。

令和〇年〇月〇日

〇〇県〇〇郡〇〇町大字〇〇字〇〇××番地
申請人　農事組合法人〇〇農場
〇〇県〇〇郡〇〇町大字〇〇字〇〇××番地
理事　　〇〇〇〇　　（注８）

〇〇地方法務局〇〇支局　　御中

（注１）出資の第１回の払込みがあった日を記載します。
（注２）登記すべき事項を申請書に記載して提出します。磁気ディスクやオンラインによる申請も認められています。
（注３）出資農事組合法人については、「出資の総口数及び出資第１回の払い込みがあったことを証する書面」の添付が必要です。具体的には、出資の総口数を証する書面として出資引受書、出資第１回の払込みがあったことを証する書面として出資金領収書が用いられます。
（注４）金銭以外の財産による出資（現物出資）があった場合に添付します。
（注５）役員が選任機関によって選任されたことを証する書面として、農事組合法人においては、発起人による役員選任書を添付します。
（注６）理事の選任に対する被選任者の就任承諾書を添付します。
（注７）代理人によって申請する場合に添付します。
（注８）理事の中から登記申請する代表を決め、その者の住所も記載します。そして、登記所に届け出る法人の代表理事の印鑑を押印します。ただし、代理人によって申請する場合には、代理人の住所と氏名をさらに記載し、代理人の印鑑を押印し、代表理事の印鑑は押印しません。代わりに添付する委任状に代表理事の印鑑を押印します。

別紙の具体例

「名称」農事組合法人〇〇農場
「主たる事務所」〇〇県〇〇郡〇〇町大字〇〇字〇〇××番地
「地区」〇〇県〇〇郡〇〇町の区域
「目的等」
目的及び事業
1．組合員の農業に係る共同利用施設の設置（当該施設を利用して行う組合員の生産する物資の運搬、加工又は貯蔵の事業を含む。）及び農作業の共同化に関する事業
2．農業の経営及びこれと併せて行う林業の経営
3．前号に掲げる農業に関連する事業であって、次に掲げるもの
(1) 農畜産物を原料又は材料として使用する製造又は加工
(2) 農業生産に必要な資材の製造
(3) 農畜産物の貯蔵・運搬又は販売
(4) 農作業の受託
(5) 農山村滞在型余暇活動施設の設置・運営、役務の提供
(6) 営農型太陽光発電の実施
4．前各号の事業に附帯する一切の事業
「役員に関する事項」
「資格」理事
「住所」〇〇県〇〇郡〇〇町大字〇〇字〇〇××番地
「氏名」〇〇〇〇
「資格」理事
「住所」〇〇県〇〇郡〇〇町大字〇〇字〇〇××番地
「氏名」〇〇〇〇
「資格」理事
「住所」〇〇県〇〇郡〇〇町大字〇〇字〇〇××番地
「氏名」〇〇〇〇
「資格」理事
「住所」〇〇県〇〇郡〇〇町大字〇〇字〇〇××番地
「氏名」〇〇〇〇
「出資１口の金額」金〇〇万円
「出資の総口数」〇〇口

「払い込み済みの出資の総額」金○○万円
「出資払い込みの方法」金額一時払込み
「公告の方法」この組合の掲示場に掲示する。

出資引受書例 （記載例）

出 資 引 受 書

1．農事組合法人○○農場、出資引受口数○○口

上記のとおり出資を引き受けます。

令和○年○月○日

○○県○○郡○○町大字○○字○○×××番地

氏 名 ㊞

農事組合法人○○農場発起人 御中

出資金領収書例 （記載例）

出 資 金 領 収 書

1．金○○○円

出資○○口分についての払込金

上記のとおり領収しました。

令和○年○月○日

農事組合法人○○農場

理 事 氏 名

組合員 ○○○○ 殿

上記払い込み済みであることを確認する。

令和○年○月○日

農事組合法人○○農場

監 事 氏 名 ㊞

役員選任決議書例　　　　　　　　　　　　　　　　　　　　　　　　　　　　（記載例）

役員選任決議書

令和○年○月○日当組合設立事務所において発起人が集まり、下記の事項を決定した。

発起人総数　　○名

出席発起人　　○名

1. 役員選任の件

発起人において協議の結果、下記の者を理事及び監事に選任し、被選任者はいずれも就任を承諾した。

理事　氏　　名、氏　　名、氏　　名、氏　　名、氏　　名

監事　氏　　名（置く場合のみ）

上記のことを明確にするため、ここに決議書を作成し、発起人が下記に記名押印する。

令和○年○月○日

農事組合法人○○農場

発起人　氏　名　　㊞

同　　　氏　名　　㊞

同　　　氏　名　　㊞

同　　　氏　名　　㊞

同　　　氏　名　　㊞

同　　　氏　名　　㊞

理事就任承諾書例　　　　　　　　　　　　　　　　　　　　　　　　　　　（記載例）

就任承諾書

私は今般貴組合理事に選任されたのでその就任を承諾する。

令和○年○月○日

○○県○○郡○○町大字○○字○○×××番地

理　事　　氏　名　　㊞

農事組合法人○○農場　　御中

委任状例（設立登記申請用）　　　　　　　　　　　　　　　　　　　　　（記載例）

委任状

私は○○県○○郡○○町大字○○字○○×××番地○○○○氏を代理人と定め次の権限を委任する。

1. 農事組合法人○○農場設立の登記申請に関する一切の件

令和○年○月○日

○○県○○郡○○町大字○○字○○×××番地

農事組合法人○○農場

理　事　　氏　名

印鑑（改印）届書

印鑑届出書の例

印鑑（改印）届書

※太枠の中に書いてください。

（注１）（届出印は鮮明に押印してください。）		商号・名称	
		本店・主たる事務所	
	印鑑提出者	資　格	代表取締役・取締役・代表理事 理事・（　　　　）
		氏　名	
		生年月日	明・大・昭・平・西暦　年　月　日生
		会社法人等番号	

（注２）
□印鑑カードは引き継がない。
□印鑑カードを引き継ぐ。
印鑑カード番号
前　任　者

届出人（注３）　□印鑑提出者本人　　□代理人

（注３）の印

住　所	
フリガナ	
氏　名	

委　　任　　状

私は、（住所）

（氏名）

を代理人と定め、印鑑（改印）の届出の権限を委任します。

令和　　年　　月　　日

住　所

氏　名

（注３の印）

印（市区町村に登録した印鑑）

□　市区町村長作成の印鑑証明書は、登記申請書に添付のものを援用する。（注４）

（注１）　印鑑の大きさは、辺の長さが１cmを超え、３cm以内の正方形の中に収まるものでなければなりません。

（注２）　印鑑カードを前任者から引き継ぐことができます。該当する□にレ印をつけ、カードを引き継いだ場合には、その印鑑カードの番号・前任者の氏名を記載してください。

（注３）　本人が届け出るときは、本人の住所・氏名を記載し、市区町村に登録済みの印鑑を押印してください。代理人が届け出るときは、代理人の住所・氏名を記載、押印（認印で可）し、委任状に所要事項を記載し、本人が市区町村に登録済みの印鑑を押印してください。

（注４）　この届書には作成後３か月以内の**本人の印鑑証明書**を添付してください。登記申請書に添付した印鑑証明書を援用する場合は、□にレ印をつけてください。

印鑑処理年月日				
印鑑処理番号	受　付	調　査	入　力	校　合

（乙号・８）

第５　農業法人の税

１．法人税の概要

法人税は、法人の各事業年度の所得に対して、法人の区分ごとに定められている法人税率により課税されます。

法人の各事業年度の所得は、「益金の額」から「損金の額」を控除して計算することとされています（法法第22条）。

なお、以前は「清算所得に対する法人税」が法人を清算する場合に課税されていましたが、平成22年度税制改正で、平成22年10月１日以降の解散から、法人税の清算所得課税が廃止され、清算期間中にも通常の法人税が課されることとなりました。

法人の種類と納税義務については次のとおりとなります。

(1)　農事組合法人（確定給与払のものを除く）は、協同組合等としてすべての所得に対して、軽減税率による法人税が課税されます。

(2)　普通法人は、すべての所得に対し、通常の法人税が課税されます。

法人税の税率

<table>
<tr><th>法人の種類</th><th>所得の金額</th><th>平成28年３月以前開始事業年度</th><th>平成30年４月以後開始事業年度</th></tr>
<tr><td>普通法人(資本金１億円超)</td><td></td><td>23.4%</td><td>23.2%</td></tr>
<tr><td rowspan="2">普通法人（資本金１億円以下）・人格のない社団等</td><td>年800万円超</td><td>23.4%</td><td>23.2%</td></tr>
<tr><td>年800万円以下</td><td>15%</td><td>（注）15%</td></tr>
<tr><td rowspan="2">公益法人等・協同組合等</td><td>年800万円超</td><td>19%</td><td>19%</td></tr>
<tr><td>年800万円以下</td><td>15%</td><td>（注）15%</td></tr>
</table>

(注)「中小企業者等の法人税の軽減税率の特例」により、令和７年３月31日までの間に開始する事業年度が対象となる。

2．農業経営を行う法人の形態と税の取扱い

農業者が法人経営を行う場合には、組合形態のものと会社形態のものがあります。

組合形態のものは、農業協同組合法に基づく農事組合法人で、法人税法では「協同組合等」として扱われます。ただし、事業に従事する組合員に対し給料、賃金等の給与を支給するものは、普通法人として扱われます。

農事組合法人には、共同利用施設の設置又は農作業の共同化に関する事業を行う法人（１号法人）、農業経営を行う法人（２号法人）及び両方併せ行う法人があります。

一方、会社形態をとる法人は、株式会社、合資会社、合名会社、合同会社で、法人税法では普通法人として扱われます。

3．法人の所得金額、法人税額の計算

法人税の課税標準である法人の各事業年度の所得金額は、益金の額から損金の額を控除した金額となります。

益金、損金は、企業会計でいう決算利益を計算する上での収益、費用や損失に当たるものですが、必ずしも一致するものではなく、所得金額を計算する際には決算利益の額を基礎として調整を行います。

税額の計算に当たり主な留意点としては次のようなものがあります。

⑴　固定資産の減価償却

減価償却制度とは、建物、機械、装置等の取得原価をその使用される年数にわたって費用配分することをいいます。これらは長期間にわたり収益を生み出す源泉なので、取得費を取得の年度に一括して計上するのではなく、その資産が減価するのに応じて徐々に費用化することが必要となるからです。取得価額の算定方法、償却の方法、耐用年数等については法人税法上詳細な規定があります（法法第31条）。

⑵　特別償却

特別償却とは、普通償却限度額を超えて、各種の政策的配慮に基づきさらに一定限度額の償却を認めるものです（措法第42条の６～第53条）。

ア　特別償却

初年度において取得価額の一定割合に相当する金額を、普通償却限度額のほかに損金に算入できます。

イ　割増償却

各事業年度において普通償却限度額の一定割合に相当する金額を、普通償却限度額のほかに損金に算入できます。

(3) 繰延資産の償却

繰延資産とは、法人が支出する費用のうちその効果が支出の日から１年以上に及ぶもの（開発費、試験研究費等）であり、一定限度額まで償却が認められるものと均等償却すべきものがあります（法法第32条）。

(4) 寄付金

ア 一般の寄付金

一定限度額までの支出額は損金に算入できます（法法第37条第１項）。

イ 指定寄付金等

国又は地方公共団体に対する寄付金と公益に対する寄与が特に大きいとして財務大臣が指定した寄付金は全額が損金に算入できます（法法第37条第３項）。

ウ 特定公益増進法人等に対する寄付金

特定公益増進法人とは、公共法人、公益法人等その他特別の法律により設立された法人のうち公益の増進に著しく寄与するものであり、これらに対する寄付金については、一般の寄付金と別枠で一定限度額まで損金算入が認められます（法法第37条第４項）。

(5) 圧縮記帳

圧縮記帳とは、国庫補助金などにより取得した資産について一定額までその帳簿価額を減額（圧縮）し、減額した金額に相当する金額を損金に算入する制度です。法人税法上は補助金も益金となりますが、それを直ちに課税対象とすると補助を行った目的が達成されなくなるからです（法法第42条～第50条、措法第61条の３等）。

(6) 引当金

将来の支出又は損失であっても、それが当期の収益を生み出すのに役立っているときには、当期の損金に算入することにより費用と収益とを対応させるための制度です（法法第52条、措法第57の９）。

(7) 準備金

将来において損金が確実に発生するものであるかどうかは必ずしも明らかではありませんが、特定の政策目的から一定限度内の積立額の損金算入を認めるものです（措法第

61条の２等）。

⑻　所得控除

本来は当然に課税所得となるべきものを、種々の政策的観点から損金算入を認めるものです（措法第67条の３等）。

⑼　税額控除

所得金額に税率をかけて得られた税額から控除を認めるものです（法法第68条、第69条、措法第42条の４～第42条の13）。

４．法人の所得に対する特例

農業経営基盤強化準備金制度

①　制度の概要

農業経営基盤強化準備金は、青色申告をする認定農業者の農地所有適格法人が、積立限度額以内の準備金を積み立てた金額を損金算入します（措法第61条の２）。積立限度額は、経営所得安定対策交付金等を基礎として計算されます。また、準備金を取り崩して、または経営所得安定対策交付金等をもって直接に農業用固定資産（農用地・農業用機械等）を取得した場合、圧縮記帳が認められます（措法第61条の３）。

②　対象者の範囲

この特例の適用対象法人は、青色申告書を提出する認定農業者である農地所有適格法人（地域計画の区域内の農業を担う者に限る。）となります。

認定新規就農者である個人が対象者に追加され、農業生産法人（現在の農地所有適格法人）以外の特定農業法人が対象者から除外されました。

③　対象交付金の範囲

この特例の適用対象となる交付金は、農業の担い手に対する経営安定のための交付金の交付に関する法律に基づく交付金等（経営所得安定対策の交付金）となります。

④　対象資産の範囲

この特例の対象資産は、農業経営の規模拡大、生産方式の合理化のために農業経営改善計画に記載された農用地、特定農業用機械等（農業用の機械装置、器具備品、建物、建物附属設備、構築物、ソフトウェア）となります。

建物、建物附属設備、ソフトウェアが対象資産に追加されました。

5．農地等を譲渡した場合の特例

(1) 買換え等の場合の圧縮記帳の特例

①収用等に伴い代替資産を取得した場合（措法第64条）、②換地処分等により資産を取得した場合（措法第65条）、③特定の資産を買換え（交換）した場合（措法第65条の７、第65条の９）、④特定の交換分合により土地等を取得した場合（措法第65条の10）には、買換えや交換などによって取得した資産の帳簿価額から譲渡益相当額（③の買換え（交換）等の場合は譲渡益の原則として80％相当額）を減額圧縮して損金に計上することにより[注]、課税を繰り延べる特例制度が設けられています。

（注） 直接減額する方法にかえて損金経理により引当金に繰り入れる方法（確定した決算で利益又は剰余金の処分により積み立てる方法を含みます。）も認められます。

(2) 特別控除による損金算入の特例

法人の有する資産を譲渡した場合で、その譲渡が一定の事由に基づくものであるときは、その譲渡の態様に応じて5,000万円から800万円までの特別控除による損金算入の特例措置が講じられています（措法第65条の２～第65条の５の２）。

その内容は、清算中の法人については適用されないことを除き所得税の場合とほぼ同様です。

(3) 法人の土地譲渡益重課制度

法人が土地等を譲渡等した場合の譲渡益（短期所有土地譲渡益重課制度（措法第63条）の適用がある土地等の譲渡益は除かれます。）に対しては、法人の土地投機の抑制、地価高騰の防止の観点から、通常の法人税とは別に５％の税率により追加課税されます（措法第63条の３[注1]）。

また、法人がその年の１月１日において所有期間が５年以下の短期所有に係る土地等を譲渡した場合の譲渡益については、通常の法人税額とは別に10％の税率により追加課税されます（措法第63条[注2]）。

（注１） 土地譲渡益重課税額＝譲渡益×５％

（注２） 短期所有に係る土地譲渡益課税額＝短期所有に係る譲渡益×10％

ただし、令和８年12月31日までの間の土地の譲渡については、適用されません。

なお、譲渡利益金額の計算に当たって、代替資産の圧縮記帳、譲渡所得の特別控除、事業用資産の買換え特例等の適用を受けて損金算入を行った金額があるときは、課税対象となる譲渡利益金額から控除されます。また、次に掲げる譲渡等一定の譲渡に対しては重課制度は適用されません（措法第62条の３第３項・第４項、第63条第３項）。

① 宅地建物取引業者が行う一定のたな卸資産に該当する土地等の譲渡

② 令和７年12月31日までに行われる国又は地方公共団体に対する土地等の譲渡、（独）都市再生機構、土地開発公社に対する優良住宅地の造成等のための土地等の譲渡、収用交換等による土地等の譲渡（措法第65条の２）等。

（注） ②の機関は、一般の特別課税に対してのみ適用される。

6．農事組合法人の税務

(1) 法人税

㋐ 協同組合等に該当する農事組合法人の特例

法人税率の軽減　所得年800万円超の部分　19％

所得年800万円以下の部分　15％

（令和７年３月31日までの間に開始する事業年度まで）

従事分量配当及び利用分量配当は損金算入

㋑ 農事組合法人一般の特例

新たに組合員となる者から徴収する加入金の益金不算入

(2) 事業税

㋐ 農事組合法人で、給与を支給しない法人の税率の軽減

特別法人		普通法人	
年400万円以下の所得	3.5％	年400万円以下の金額	3.4％
年400万円超の所得及び清算所得	4.9％	年400万円超800万円以下の所得	5.3％
		年800万円超の所得及び清算所得	7.0％

（注） 特別法人とは、法法別表第３の協同組合等及び医療法人をいう。

㋑ 農地所有適格法人である一定の農事組合法人が行う農業（畜産業、農作業受託は除く（一定の場合は非課税））に対しては非課税

(3) 登録免許税

農事組合法人の設立、解散、定款変更等の登録免許税の免除

農事組合法人が株式会社に組織変更する場合の設立登記の税額は7％又は15万円のいずれか多い金額

⑷　印紙税

出資制の農事組合法人が発行する出資証券の印紙税の非課税

⑸　不動産取得税

株式会社日本政策金融公庫又は農業近代化資金の資金の貸付けを受けて取得した共同利用施設（生産、保管、加工用家屋）については、その価格から一定額を控除（地法附則第11条第10項）

⑹　固定資産税

国の補助金若しくは交付金の交付又は株式会社日本政策金融公庫若しくは農業近代化資金の資金の貸付けを受けて取得した共同利用に供する一定の機械、装置については、３年度分１／２に軽減（地法附則第15条第37項）

⑺　事業所税

①農作物育成管理用施設、畜舎など生産用の施設、②生産用の共同利用施設、③国の補助金若しくは交付金の交付又は株式会社日本政策金融公庫若しくは農業近代化資金の貸付けを受けた保管、加工、流通用の共同利用施設については非課税（地法第701条の34第３項第11号、第12号）

7．農業経営を行う法人に係る税制上の特例措置

税目	項　　目	特　例　内　容	法　令
法人税	1　中小企業者等の機械等を取得した場合の特別償却又は法人税額の特別控除（中小企業投資促進税制）	青色申告者が令和７年３月31日までに新品の機械等（１台又は１基160万円以上等）を取得等し、農業等の用に供した場合に取得価額の30％の特別償却又は７％の税額控除（当期の税額の20％相当額を限度とし控除限度超過額については、１年間の繰越しを認める。２も同じ。）とのいずれかの選択適用	措法第42条の6
	2　中小企業者等が特定経営力向上設備等を取得した場合の特別償却又は税額控除（中小企業経営強化税制）	経営力向上計画の認定を受けた青色申告の中小企業者（農事組合法人を除く。）が令和７年３月31日までに、新品の特定経営力向上設備等（機械装置の場合は160万円以上）を取得等して農業等の用に供した場合に取得価額の100％の特別償却または７％の税額控除とのいずれかを選択適用	第42条の12の4
	3　特定の損失等に充てるための負担金の損金算入	農畜産物の価格変動による損失等の補填を目的とする公益法人等の業務に係る資金で短期間に使用されるものであって、国税庁長官が指定したものに充てるための負担金の損金算入	法令第136条
	4　環境負荷低減事業活動用資産等の特別償却	令和６年３月31日までに環境と調和のとれた食料システムの確立のための環境負荷低減事業活動の促進等に関する法律の創設に伴う措置。 ① 同法に基づく認定を受けた農林漁業者が、認定環境負荷低減事業活動実施計画の一定の環境負荷低減事業活動用資産（機械その他の減価償却資産）の取得等をして、環境付加低減事業活動の用に供した場合、取得価格の32%（建物等16%）の特別償却 ＊環境負荷低減事業用資産 ・慣行的な生産方式と比較して環境負荷の原因となる生産資材の使用量を減少させる設備等 ・環境負荷低減事業活動の安定に不可欠な設備等 ② 同法の認定を受けた農林漁業者が、基盤確立事業実施計画に記載された、一定の基盤確立事業用資産（機械その他の減価償却資産）の取得等をして、基盤確立事業の用に供した場合、取得価格の32%（建物等16%）の特別償却 ＊基盤確立事業用資産 ・化学農業・化学肥料に代替えする生産資材の製造設備等	措法 第44条の4

法人税	5　輸出事業用資産の割増償却	令和6年3月31日までに農林水産物及び食品の輸出の促進に関する法律に基づく認定輸出事業者が、認定輸出事業計画に基づき一定の輸出事業用資産（機械・装置、建物とその附属設備、構築物のうち食品の生産、製造、加工若しくは流通の合理化、高度化その他改善に資するもの）の取得等をして、輸出事業の用に供した場合5年間30％（建物等35％）の割増償却	措法第46条の2
	6　農地所有適格法人の肉用牛の売却に係る所得の課税の特例	令和9年3月31日までの期間内の日を含む各事業年度において、農地所有適格法人が、事業年度において家畜市場等で売却した、1頭当たりの売却価額100万円（乳用種は50万円、交雑種は80万円）未満の肉用牛又は高等登録牛であって、かつ、その肉用牛の頭数の合計が1,500頭以内であるとき、当該農地所有適格法人の当該免税対象飼育牛の当該売却による利益の額に相当する金額は、所得の金額の計算上、損金の額に算入	措法第67条の3
	7　収用等の場合の課税の特例	土地収用法等に基づく収用、農地法に基づく買収、土地改良法等に基づく換地処分、交換分合の場合等、取得価額の引き継ぎによる課税の繰延べ又は5,000万円の特別控除	措法第64条～第65条の2
	8　特定土地区画整理事業等のために土地等を譲渡した場合の所得の特別控除	国、地方公共団体、（独）都市再生機構等が土地区画整理事業として行う公共施設の整備改善、地域計画の特例に基づき農地中間管理機構に買い取られる場合、宅地造成事業等のために譲渡した場合等2,000万円の特別控除	措法第65条の3
	9　特定住宅地造成事業等のために土地等を譲渡した場合の所得の特別控除	地方公共団体、地方住宅供給公社等の行う住宅建設事業等のため買い取られた場合、買い取り協議により農地中間管理機構により買い取られた場合、農協等の行う宅地供給事業のうち一定の要件に該当するもののために買い取られた場合等　1,500万円の特別控除	措法第65条の4
	10　農地保有の合理化のために農地等を譲渡した場合の所得の特別控除	農振法に基づく農業委員会のあっせん等により土地等を譲渡した場合、農用地区域内の土地等を農用地利用集積等促進計画の定めるところにより譲渡した場合等800万円の特別控除	措法第65条の5
	11　特定の事業用資産の買換え（交換）の場合の課税の特例	令和8年3月31日までに、事業用資産を譲渡し、原則としてその年内に一定の他の資産を取得した場合等であって、取得後1年以内に事業の用に供したときはその資産の譲渡益のうち80％相当額は、課税の繰延べが認められる	措法第65条の7（措法第65条の9）

法人税	12　農業経営基盤強化準備金及び圧縮記帳の特例	①　青色申告の認定農業者の農地所有適格法人（地域計画の区域内の農業を担う者に限る。）が令和7年3月31日までに経営所得安定対策及び水田活用直接支払の交付金の以下の金額を準備金として積み立てた場合に損金算入 なお、農業経営基盤強化準備金は、積立てをした事業年度の翌期以後、5年後に残っている準備金は、翌事業年度に全額を益金に算入 ②　①の準備金を取り崩して農用地又は農業用機械等を取得等するために支出した場合には、圧縮記帳による損金算入	措法第61条の2
地価税	一定の公益的用途に供されている土地等の非課税	農地、採草放牧地及び森林に係る土地等は非課税（平成10年分以後の地価税については、当分の間、課税停止）	地価法第6条第5号・別表第1
登録免許税	1　土地改良事業に伴う登記の非課税	土地改良法に規定する土地改良事業等のうち換地、交換分合等の事業の施行のため必要な土地又は建物に関する登記は非課税	登録免許税法第5条第6号
	2　農用地利用集積促進計画に基づき農用地等を取得した場合の所有権の移転登記の税率の軽減	令和8年3月31日までに農用地利用集積等促進計画に基づき農用地等を取得した場合、農用地利用集積等促進計画の公告の日以後1年以内に登記を受けるものに限り、税率を10／1000に軽減	措法第77条
石油石炭税	1　農林漁業用軽油の石油石炭税の上乗せ分の還付	以下のものについて、石油石炭税の上乗せ分につき、軽油の製造業者等に還付 ①　令和8年3月31日までに課税済みの原油等から国内において製造された軽油で農林漁業に使用するため一定の方法により購入したもの ②　令和8年3月31日までの間に石油石炭税課税済みの輸入軽油であって保税地域から引き取られたもの	措法第90条の3の4
	2　農林漁業用のA重油の石油石炭税の免税	農林漁業用に供されるものとして無税の関税率の適用を受けた輸入A重油であって令和8年3月31日までの間に保税地域から引き取られるものは免税	措法第90条の4
	3　農林漁業用のA重油の石油石炭税の還付	令和8年3月31日までの間に課税済みの原油等から国内において製造された国産A重油を農林漁業に使用するため一定の方法により購入した場合、その石油石炭税相当額が国産A重油の製造業者に還付	措法第90条の6
事業税	農業に対する非課税	農地所有適格法人の要件を具備している一定の農事組合法人が行う農業は非課税	地法第72条の4第3項

不動産取得税	1　農地法により国から売り渡された場合等の土地の非課税	農地法の規定によって国から売り渡された土地、土地改良法により取得した埋め立て地、干拓地等に対しては非課税	旧地法第73条の5
	2　土地改良事業による換地等の非課税	土地改良事業の施行に伴う換地、農用地の交換分合により取得した土地に対しては非課税	地法第73条の6
	3　農業振興地域内における土地取得の特例	農地中間管理事業の推進に関する法律又は福島復興再生特別措置法の規定による公告があった農用地利用集積等促進計画に基づき取得した農用地区域内にある土地を令和5年3月31日までに取得した場合、不動産取得税の課税標準から土地の価格の1／3相当額を価格から控除 農振法の規定による交換分合により土地を取得した場合、失った土地の価格相当額又は取得した土地の価格の1／3相当額（農用地区域内にある場合に限る。）のいずれか多い額を控除	地法附則第11条第1項 地法第73条の14第10項
固定資産税	一般農地の特例	令和3年度から令和5年度までの各年度分の税額は、前年度の課税標準額に対する当該年の評価額の負担水準の区分によって定められた負担調整率を前年度の税額に乗じて求めた額が限度	地法附則第19条
	遊休農地の課税の強化	農地法に基づき、農業委員会が、農地所有者に対し、農地中間管理機構と協議すべきことを勧告した農業振興地域内の遊休農地について、通常の農地の固定資産税の評価額は、売買価格× 0.55（限界収益率）となっているところ、0.55を乗じない 平成29年度から実施。具体的には、毎年1月1日が固定資産税の賦課期日であるので、初年度については、平成29年1月1日時点で協議勧告が行われた場合に課税強化	地法附則第17条の3
	農地中間管理機構に貸し付けた農地の課税軽減	所有する全農地（10アール未満の自作地を除く。）を、新たに、まとめて、農地中間管理機構に10年以上の期間で貸し付けた場合 ① 15年以上の期間での貸し付け 初年度から5年間1／2 ② 10年以上15年未満期間での貸し付け 初年度から3年間1／2 平成28年度から実施。具体的には、毎年1月1日が固定資産税の賦課期日であるので、平成29年1月1日までに機構に貸し付けた場合、平成29年度に納付する固定資産税より適用 特例の適用期間は、令和6年3月31日まで	地法附則第15条第32項

軽油取引税	農業用軽油の課税免除	令和6年3月31日までに農業経営者が動力耕うん機、その他の耕うん整地用機械、収穫調製用機械などに使用する軽油を、道府県知事から交付された免税証を提示して購入する場合は課税免除	地法附則第12条の2の7
特別土地保有税	1　農業経営規模拡大等の場合の非課税	農業の経営規模拡大、農地の集団化、農業経営の近代化を図るため取得する農地、採草放牧地、農作物育成管理用施設、蚕室、畜舎等の用地は非課税 （平成15年分以後の特別土地保有税については、当分の間、課税停止）	地法第586条第2項第6号
	2　農業経営規模拡大等の場合の非課税	農地所有適格法人に対する現物出資の場合は非課税	地法第587条第1項
事業所税	農業者生産用施設の非課税	農業者が直接その生産の用に供する施設（農舎、畜舎、温室等）は非課税	地法第701条第3項第11号

農業法人の設立

第6 農業経営に必要な資金

1．必要な資金

農業経営に必要な資金は、いわゆる企業経営に必要な資金と同じであり、設備資金と運転資金に大別されます。そして、それぞれの性格に応じた資金調達を行うことが必要です。

(1) 設備資金

生産設備や販売設備に投下される資金が設備資金です。

設備資金の額は、生産要素（労働力、原材料等）に必要な資金の額に比べてかなり大きく、その資金調達のほとんどを借入金に依存すると、資本構成を悪化させ、次第に財務の安定性を欠くこととなります。特に、設備投資の効果が計画どおりでなかったような場合には、資金繰りがきつくなります。また、減価償却費・人件費・金利などの固定費をカバーするために、高い設備稼動率を確保する必要があり、そのためにさらにヒト・モノ・カネを追加投入しなければならなくなることもあります。

したがって、設備投資の決定にあたっては慎重かつ綿密に検討する必要があります。また、設備資金は、当該設備の耐用年数に応じた長期の償還期間がとれ、金利も固定で安定した借入金で調達することが望ましいですが、投資後の負担を軽減するためにも、すべてを借入金で賄うのではなく、一部は増資等により、自己資本で手当てしたいものです。

(2) 運転資金（経常運転資金）

設備資金以外の企業の継続的営業活動に必要な資金が運転資金（経常運転資金）です。

運転資金は、利益を生む元手であり、商売を継続運転していくために必要な資金であることから、必要額がいくらなのかを常に把握しておくことが大切です。一般的には、必要額は次の算式で算出されます。

・**運転資金必要額**
　＝月商×（受取勘定回転期間＋棚卸資産回転期間－支払勘定回転期間）

・受取勘定回転期間

$$= \frac{\text{受取手形＋売掛金＋割引手形}}{\text{年間売上高}} \times 12\text{か月}$$

・棚卸資産回転期間

$$= \frac{\text{棚卸資産}}{\text{年間売上高}} \times 12\text{か月}$$

・支払勘定回転期間

$$= \frac{\text{支払手形＋買掛金}}{\text{年間売上高}} \times 12\text{か月}$$

また、設備投資等の実施により、売上高の増加に伴い必要となる運転資金を増加運転資金といいます。売上高の増加を目指した設備投資においては、設備資金だけではなく、増加運転資金の手当ても考慮する必要があります。なお、増加運転資金の必要額は、一般的には、次の算式で計算されます。

・増加運転資金必要額
＝月商増加額×（受取勘定回転期間＋棚卸資産回転期間－支払勘定回転期間）

運転資金は、JA や銀行からの借入金で調達するばかりではなく、自己資本で調達する場合もあるはずで、自己資本で調達する割合が高ければ、それだけ財務体質は安定しているといえます。当初は借入金で運転資金を調達していたが、毎期の利益の蓄積により、徐々に自己資本からの調達が増えていけば、財務体質の健全性が増したといえます。特に増加運転資金を長期の借入金で調達することで、毎期の利益から長期借入金の返済が進むにしたがって、長期借入金が自己資本に置き換えられていくことになり、財務体質の健全性が増すこととなります。

このように、運転資金の調達にあたっては、必要額がいくらなのかをきちんと把握すること、また、調達方法を借入金とする場合にあっては、将来の財務の健全化を考慮し、特に増加運転資金は、長期の借入金が利用できないかを検討してみることが大切です。

２．制度資金の活用

⑴　政策の資金的裏付け――制度金融

制度金融は「国や地方公共団体の農業政策を遂行するために、法律・政令・規則・条例などに基づいて融資したり、利子補給を行ったりするもの」で、いわば政策の資金的裏付けを行う「政策金融」をさしています。また、農家などの貯金を原資とした農協系統組織による融資は、厳密には制度金融とは異なりますが、制度金融の柱のひとつである「農業近代化資金」は、原資は農協貯金等であっても、国や地方公共団体が利子補給をしているので、それに即応して、国や地方公共団体の指導や規制があるわけです。

これに対して、いわゆる農協プロパー資金は、まさに農協自身の原資だけで、その責任と貸付条件によって運営されており、農協（理事会等）の判断で貸付けられるものであり、制度資金ではないわけです。それだけに、金融自由化の波の中で、運転資金等をめぐり、市中銀行などと厳しい競争関係におかれつつあります。

⑵　認定農業者を支援する農業経営改善関係資金制度

農業経営改善関係資金制度としては、株式会社日本政策金融公庫が設備資金をはじめ経営改善に必要な長期資金を融資する「農業経営基盤強化資金（スーパーＬ）」、経営体育成強化資金、農協等民間金融機関が融資する「農業近代化資金」、株式会社日本政策金融公庫が融資する「農業改良資金」があります。

また、その他の認定農業者向け資金として、農協等民間金融機関が短期の運転資金を融資する「農業経営改善促進資金（スーパーＳ）」があります。

借入者の資格

借り入れできるのは、農業経営基盤強化促進法の手続きによって、市町村長から農業経営改善計画の認定を受けた農業者（通常、認定農業者と呼んでいます）です。認定農業者が、５年間の農業経営改善計画を達成するために資金が必要な場合は、「**経営改善資金計画書**」を作成し、市町村ごとに設置されている特別融資制度推進会議（窓口は市町村の産業課、農政課など）に申請し、認定を受ける必要があります。

①　農業経営基盤強化資金（スーパーＬ資金）

ａ　長期経営改善計画の達成に必要な次のような長期資金

ｂ　利率　借入時の金利は、金融情勢により変動します。最新の金利は、融資機関に照会してください。

ｃ　償還期間　25年（据置期間10年以内）以内

ｄ　貸付限度額　法人10億円（特認20億円）

（このうち経営の安定のための資金の融資
限度額は法人２億円（特認４億円）、個人6,000万円（特認１億2,000万円））

個人３億円（特認６億円）

e　資金の使途

農業経営改善計画達成のために行う次の事業

(a)　農地等の取得、造成、改良

(b)　農業経営のための施設や機械等の取得

(c)　農産物加工処理、流通販売施設、観光農業施設等の取得

(d)　営業権、特許権等の取得

(e)　家畜の購入、果樹等の新改植、農地・機械・施設のリース料

(f)　経営改善のために必要な長期運転資金

(g)　制度資金を除く負債の整理　等

② 経営体育成強化資金

この資金は、経営発展に必要な前向き投資資金と併せて償還負担の軽減のために必要な資金を一体的に長期低金利で融通する資金です。

a　利率　借入時の金利は、金融情勢により変動します。最新の金利は、融資機関に照会してください。

b　償還期間　25年（うち据置期間３年）以内

c　貸付限度額　法人（団体を含む）　５億円以内
　　農業参入法人　１億5,000万円
　　農業を営む個人　１億5,000万円以内

・前向き投資資金

貸付けを受ける者の負担する額の80％に相当する額

・再建整備資金

農業を営む法人　4,000万円
農業を営む個人　1,000万円　（特認　1,750万円
特定　2,500万円）

・償還円滑化資金

経営改善計画期間中の５年間（特認10年間）において、支払われるべき既往借入金等に係る負債の支払金の合計額

d　貸付対象者

農業を営む個人、法人であって、経営改善資金計画又は経営改善計画を融資機関に提出した者（資金の使いみちが前向き投資のみの場合は経営改善資金計画を、償還負担の軽減を含む場合は経営改善計画を提出して下さい）。

e　資金の使途

(a)　前向き投資資金

ⓐ　農地取得のほか改良・造成も対象となります。

ⓑ　家畜・果樹の購入、新植、改植費用のほか育成費も対象となります。

ⓒ　農産物の生産、流通、加工、販売等に必要な施設、機械などが対象となります。

(b)　償還負担軽減資金

ⓐ　制度資金以外の負債の整理に必要な資金（再建整備資金）

ⓑ　既往借入制度資金等に係る負債の支払の負担を軽減するために必要な資金（償還円滑化資金）

③　農業経営改善促進資金（スーパーS）

a　資金の使途

農業経営改善計画の達成に必要な短期の運転資金。ただし、既往の借入金の借り換えは対象となりません。

b　貸付条件

ⓐ　貸付方式：限度貸付方式による当座貸越または手形貸付

ⓑ　利用期間：農業経営改善期間中

ⓒ　限度額　：法人2,000万円（畜産または施設園芸を含む経営の場合は8,000万円）

ⓓ　貸付金利：市場金利に応じて変動しますので、最新の金利は、融資機関にお尋ねください。

各種経営改善資金の借入手続

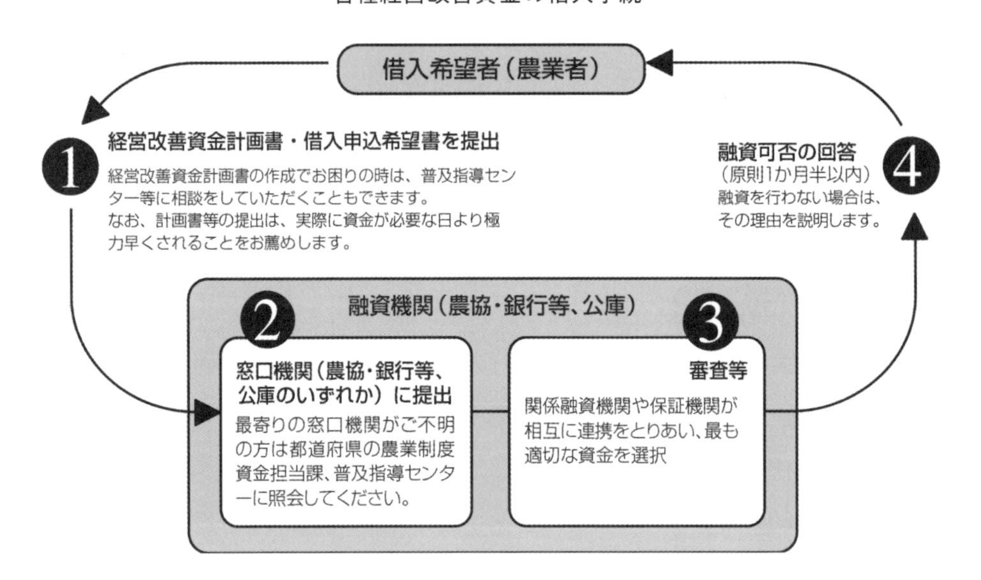

借入申込手続

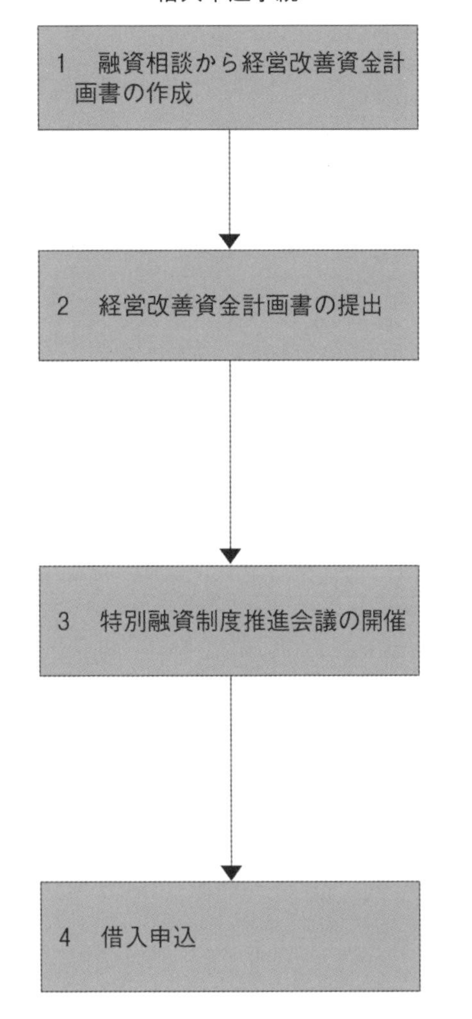

1　融資相談から経営改善資金計画書の作成

①借入希望者は、JA、普及指導センター等に相談。相談内容は、公庫、受託店等の特別融資制度推進会議の構成機関に連絡。（融資相談票で連絡する場合もあります。）

②経営改善資金計画書を作成。
必要に応じてJA、普及指導センター、公庫等が作成を支援。

2　経営改善資金計画書の提出

①経営改善資金計画書・借入申込希望書（認定申請書）に農業経営改善計画、同認定書（写し）及び経営改善資金計画書の添付資料（必要な場合）を添えて、JAなどの融資取扱窓口に提出。

②①の書類は、特別融資制度推進会議の事務局を通じて、同会議の他の構成機関に送付。
（注：融資機関をはじめとした同会議の構成機関の担当者が会議開催の前に、借入希望者にお会いして、経営改善資金計画書の内容などについてお聴きする場合があります。）

3　特別融資制度推進会議の開催

①特別融資制度推進会議（事務局：市町村）
市町村、農業委員会、都道府県、普及指導センター、JA、信農連、農林中金、基金協会、公庫支店、農水協会等で構成され、経営改善資金計画書の可否を審査。

②開催は、文書持ち回りが原則。

③経営改善資金計画書が認定されると、事務局である市町村が認定通知書を借入希望者に送付。

4　借入申込

①借入希望者は、経営改善資金計画書認定通知書（写）に借入申込書を添えて、JAなどの融資取扱窓口に提出。

②融資機関において貸付決定。担保設定等必要な手続きを経て、資金を融通。

(3) 農業近代化資金ほか

農業近代化資金は、農協等の系統資金に、国や県が利子を助成し、低い金利で農業者が利用できます。

資金の種類が多くあり、利率、償還期限等はそれぞれ決められていますが、貸付限度額は法人3,600万円となっています。

このほか、制度資金として「農業改良資金」、「地域農業総合整備資金」等もあります。

(4) 担保や債務保証

大型資金を借り入れる場合は、制度資金であるかないかを別として、通常は担保あるいは保証人、債務保証などの問題がでてきます。

また、担保能力に乏しい場合の対応、あるいは簡便に信用力の不足を補う目的で、さらには相互に補償しあうという考え方も含めて、信用保証制度が都道府県ごとに設けられています。○○県農業信用基金（協会）と呼ばれるもので、近代化資金や公庫資金（農協からの転貸に限ります）の借入の際に、この制度を利用するには、一定の保証料が必要です。

この信用保証制度は、担保不足を補う目的で作られたものですが、かなり一般化したため、保証料を支払う上に、担保や保証人を求める二重、三重の担保請求がなされることがあります。金融機関に対して、個人ではそれを拒否しにくいわけですが、最近は都道府県等の指導もあり、借入金額にもよりますが、信用保証制度を利用すれば担保不要となる場合もあります。

担保は、ほとんどが農地その他の土地があてられており、金融機関はその評価額を安全をみて時価の８掛け程度とみています。また、市中銀行からの農業法人への融資も増えていますが、一般金融機関は、規制の多い農地より宅地等の担保を求めることが多く、評価もかなり厳しいのが実情です。

3．金融機関はどこをみるか

資金を借り入れる場合には、制度資金であるかないかを別として、必ず、担保・保証人の問題がでてきます。では、資金の貸し手である金融機関は担保・保証人だけを審査して融資を行っているのでしょうか（いわゆる担保金融なのでしょうか）。

その答えは否です。金融機関は、融資したお金が利息を付けて返していただけるかどうかを審査（金融審査（与信判断））するのであり、担保・保証はその１つにすぎません。

一般的に、金融機関は次の事項をみて、金融審査を行っています。

(1) 相手がどのような法人であり、経営者はどのような人であるのか。

ア　どこに住んでいて、名前、年齢、職業・業種は何か。

イ　どういう経歴をたどって現在に至ったか。

ウ　どういう事業を、どういうヒトとモノとカネを投入して、どのくらいの規模で営んでいるのか。

(2)　相手の経済社会的な信用はどうか。

ア　収支（損益）実績とその結果である財務の内容はどうか。

イ　これまでの主な取引先（仕入れ、販売、金融等）はどこで、その取引実績はどうか。

(3)　経営をこれからどうしようとしているのか。

現状の経営のどの部分をどのような考え方でどのように改善しようとしているのか。

(4)　なぜ融資をうける必要があるのか。

ア　何に使う資金か。

イ　(3)の目標を達成するために必要なものなのか。

ウ　なぜ、今、必要なのか。

(5)　その資金をどこからどれだけ調達しようとしているのか。

ア　過去の資金的蓄積はあるか。

イ　設備資金の他、運転資金（増加運転資金）の調達をどうしようとしているか。

ウ　取引先のＪＡや銀行の資金面での支援体制はどのようになっているか。

(6)　事業の成否はどうか。ひいては、借りたお金を返せるかどうか。

ア　どういう原材料をどこから仕入れ、どういう製品（農産物）を作って、どこに売るのか。それは思惑どおりの量が思惑どおりの価格で売れそうか。また、諸経費の見積もりは適正か。

　つまり、収支計画が実現可能か、そしてその結果、経営改善が図られるといえるか。

イ　借入金を返済するだけの償還財源が確保できるか。

(7)　提供いただける担保や保証はどういう内容か。

4．農林漁業法人等投資育成制度に基づく投資の活用

（1）資金調達としての出資

農業法人の資金調達と言えば、制度資金や民間金融機関からの「融資」が一般的だと思います。しかし、融資は期限までに利息をそろえて返さなければいけないお金、つまり借金です。農業は他産業と比べ、設備投資から利益を上げるまでに時間がかかり、市況や天災など不確定要素もが多いため、返済計画どおりの資金繰りとならないことも考えられます。

そこで検討したいのが出資を受けるという手段です。農業分野では「農林漁業法人等に対する投資の円滑化に関する特別措置法※」（以下、「投資円滑化法」と言う。）に基づく「農林漁業法人等投資育成制度」があります。この制度は「農林漁業及び食品産業の事業者の自己資本の充実を促進し、その健全な成長発展を図るとともに、農林漁業及び食品産業の事業者の事業の合理化、高度化その他の改善を支援する事業活動に対し資金供給を行い、もって農林漁業及び食品産業の持続的な発展に寄与すること」を目的としています。また、一般的なファンドとは異なり、短期で高い収益性を求めるのではなく、時間をかけて一定の収益確保をめざすという農業の特性にマッチした出資の仕組みになっています。

※　2002年（平成14年）5月に「農業法人に対する投資の円滑化に関する特別措置法」として成立。2021年（令和3年）4月に改題・改正。

（2）農林漁業法人等投資育成制度とは

農林漁業法人等投資育成制度とは、投資円滑化法に基づき、規模拡大等に意欲的に取り組む農林漁業及び食品産業の事業者（以下、「農林漁業法人等」と言う。）などの株式を取得・保有し、成長支援を行う制度です。

この制度に基づき投資育成を行う株式会社としては、日本政策金融公庫とJAグループ(農林中央金庫、全国農業協同組合連合会、全国共済農業協同組合連合会、全国農業協同組合中央会)の出資により、2002年（平成14年）10月に設立した「アグリビジネス投資育成株式会社」があります。また、2013年（平成25年）12月の法改正で、投資事業有限責任組合（LPS）による農業法人への出資が認められました。2021年（令和3年）4月の法改正では、それまで農業法人に限定していた投資対象が食農関連企業や林業・漁業者にも拡充されました。この一連の制度改正により、地方銀行等による農林漁業法人等投資育成制度への参入が進み、2022年12月時点で、農林水産大臣の承認を受けた投資会社が1社、LPSが全国に23組合が設立されています。

投資円滑化法による農林漁業法人等への投資（出資）の仕組み

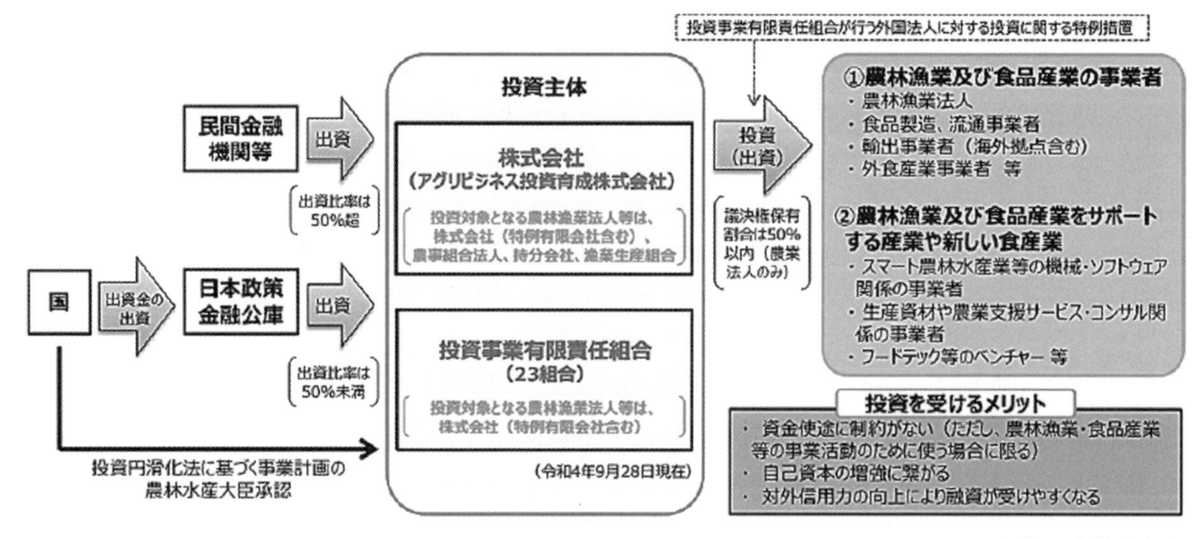

出典：農林水産省

投資育成の事例：アグリビジネス投資育成株式会社（アグリ社）

1．会社概要

設　立：2002年10月24日

資 本 金：60億7,000万円

株　主：日本政策金融公庫（41.68%）、農林中央金庫（38.10%）
ＪＡ全農・ＪＡ共済連（各10.10%）、ＪＡ全中（0.02%）
2023年3月時点。( ) 内は出資割合。

2．業務内容

（1）農林漁業法人に対する投資育成事業

（2）食のバリューチェーン企業（食品産業法人およびその支援法人）に対する投資育成事業

3．アグリ社による投資（出資）の概要

名称	プロパー出資	アグリシードファンド	担い手ファンド	復興ファンド
出資期間	10年を基本とし、5年毎に延長を検討	10年以内	15年以内	15年以内
出資金額	原則10百万円超	10百万円以下	10百万円超	原則30百万円以下
主な出資基準 （その他個別の審査基準あり）	◆債務超過でないこと ◆経常利益が過去３ヵ年平均で黒字であること	◆債務超過でないこと、または債務超過であっても直近決算で経常利益および税引後当期利益が黒字化しており、かつ5年以内に債務超過が解消できると見込まれること ◆経常利益および税引後当期利益が3期連続赤字ではないこと	◆債務超過でないこと ◆経常利益および税引後当期利益が3期連続赤字ではないこと	◆災害前の決算が債務超過でないこと、もしくは5年以内に解消可能であったと説明できること、また、3期連続赤字でないこと、もしくは翌年度黒字であったと説明できること ◆10年後に税引前当期利益が黒字、かつ債務超過が存在しない事業計画を作成していること、かつ達成が見込まれること
留意事項	◆設立後3年未満の場合は財務基盤や事業計画の実現可能性等を判断	◆繰欠を抱える場合、5年以内の解消見込が必要	◆繰欠を抱える場合、5年以内の解消見込が必要	<対象となる災害等※１> ◆激甚災害法により、いわゆる「本激」、「早期局激」に指定された災害 ◆災害救助法が適用された災害 ◆家畜伝染病予防法に基づく初動対応が実施された伝染病 ◆新型インフルエンザ、新型コロナウイルス等の感染症 ◆ウクライナ情勢に伴う原油価格・物価高騰等 ※１　対象となる災害等の発生から3年（新型コロナウイルス感染症は6年）を過ぎた場合は対象としない

◆農林漁業経営に関するものであれば、資金使途に制限はありません。

◆農業法人は認定農業者であること、林業法人及び漁業法人は総売上高のうち林業及び漁労の売上高が５割以上であることが要件になります。

◆詳しくは、お近くのJA、または日本政策金融公庫、農林中央金庫までお問い合わせください。

4．出資実績

2023年１月末時点の累計投資件数は644件、累計投資金額は112億円です。投資件数では、国内最大規模の農業ファンドです。

なお、上記の制度改正後に開始した食のバリューチェーン企業向けの投資は、生産性向上や販路拡大、輸出支援等を目的としており、2023年１月末時点の累計投資は36件、累計投資金額は29億円です。投資後は事業者の成長支援のための提案や経営者の伴走等を行い、農林漁業法人との協業等を実践して、事業者と農林漁業法人の双方の付加価値向上を目指しています。

アグリ社の投資実績の推移

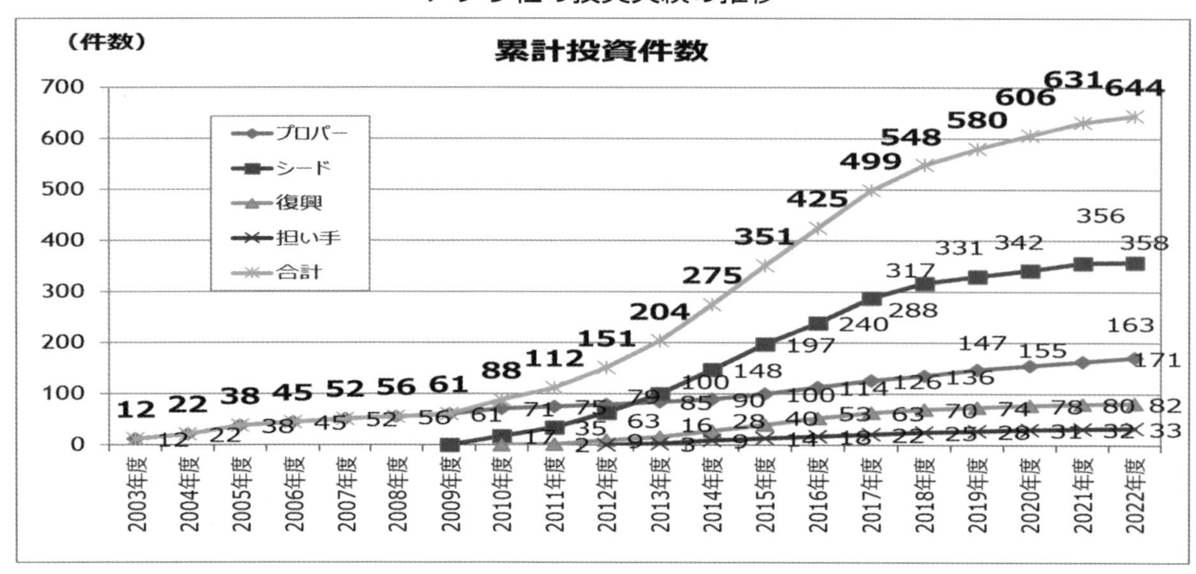

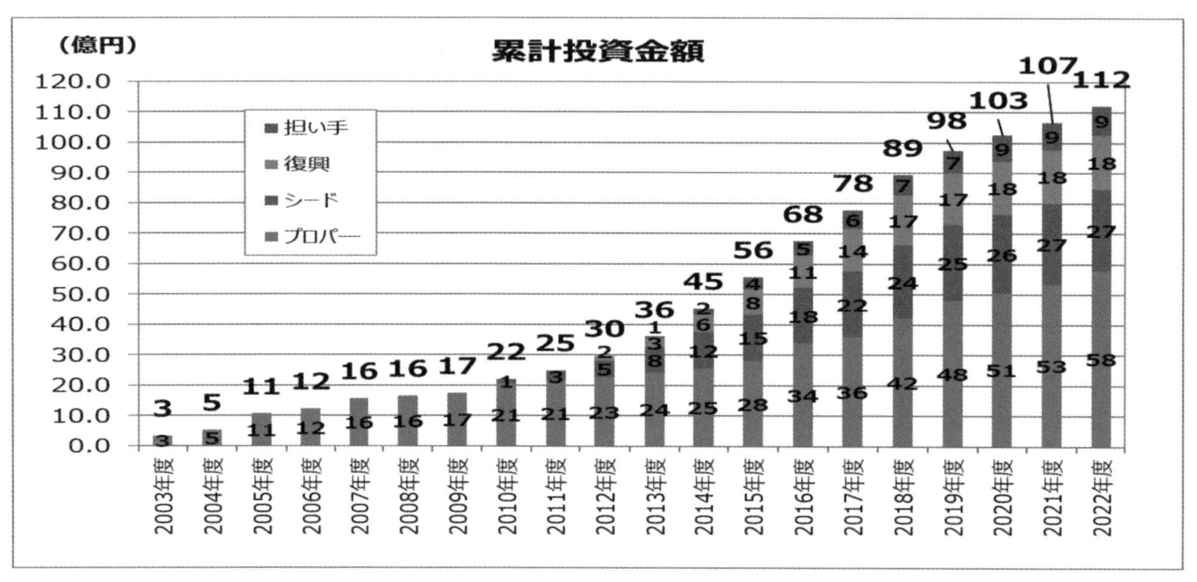

5．出資による調達の事例

事業の成長・拡大に伴って、設備・運転資金とも調達額が大きくなります。資金調達は低利の借入が基本ですが、銀行では自己資本比率を重視するため、出資を組み合わせた調達を考えることになります。このケースでは、150百万円の資金調達を、借入90百万円、増資60百万円（うちアグリ社30百万円）としました。自己資本比率が維持され、株主構成も安定したことにより、今後も安定した資金調達が期待できます。

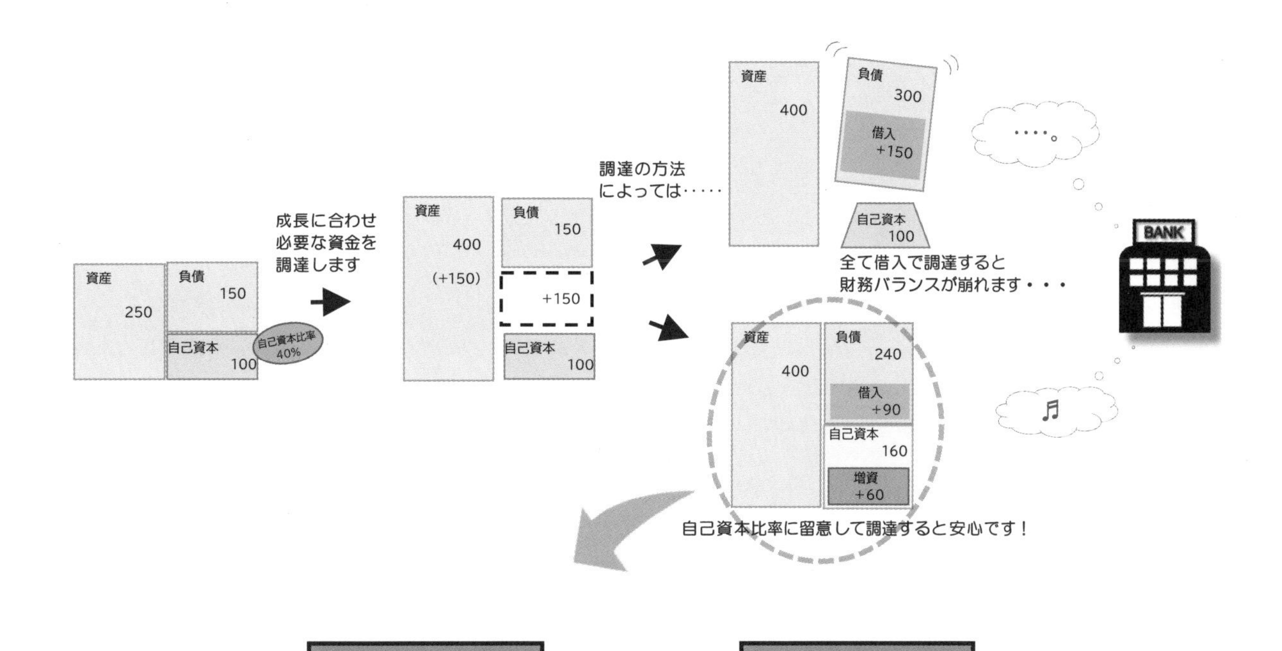

アグリ社 → 株式会社 A

30M
設備資金

出資前	
資本金	100百万円
自己資本比率	40%

出資後	
資本金	160百万円
自己資本比率	40%

経緯・目的	1. 加工品製造販売が順調に推移。設備の拡充が課題となったことから、大型設備投資を計画 2. 総事業費が売上高を上回る一大事業となることから、財務基盤の拡充と融資依存比率引き下げのため、アグリ社に出資相談（これを機に、取引先の増資も実施） 3. 融資率を60％ に抑制し、償還負担を軽減。自己資本比率の低下も回避 4. アグリ社の出資は、経営が軌道に乗り、償還が落ち着いた10年後をメドに買戻す計画
効果	1. 全額借入の設備投資計画に比して、①経常収支の改善（償還財源に占めるよう償還額の割合をピーク期 80%→70%に抑制）、②財務バランスの維持（自己資本比率 40%を維持（借入の場合▲15%）） 2. 外部株主の参画による対外信用力の向上、取引先との連携強化（出資関係の構築）

農業法人の設立

第7 農業法人の労務対策

農業経営の規模拡大につれて、家族だけの労働力では不足になり、何らかの形で家族以外の労働力が必要になってきます。

つまり、他人を雇うという、経営にとって異質な段階に踏み込むことになるわけですが、農業法人の場合は、法人つまり使用者側と、被雇用者とのお互いの責任関係が発生し、単なる口頭や慣習的な雇用関係と異なる対応が必要になります。

一般論として、農業法人も、他の中小企業等と同じように労働基準法その他の労働関係の法令や社会保険等の諸制度を守る、あるいは活用することが重要になっており、その傾向は加速的に強まりつつあります。農業法人にとっても、必要な人材を確保しかつ定着させることが、経営発展上の重大な案件になりつつあります。

この面で、旧来の以心伝心的で、賃金や待遇は精いっぱい努めるから他人行儀の契約的なことはしないなどの方法では通用しなくなるでしょう。

1．人材の確保

農業法人が、構成員の常時従事者以外に、雇用によって確保したい労働の内容や、それに対応する人材に対する要件はさまざまであり、地域の労働力事情にも大きく左右されます。そうした中で、労働力確保にあたっては、当面の対応と中長期的に見た対応の両にらみが重要です。

つまり期待する仕事の内容で採用を目的とする人材、待遇などが異なり、求人にあたってはそれを明確に示す必要があります。

期待する仕事と待遇

①	短期（季節）的（その反復も含む）やや単純な労働	パートタイム 臨時雇い	時間給 日給
	⇩		
②	ほぼ通年 やや熟練労働	常勤的パート 常雇	日　給 月　給
	⇩		
③	常時従事者とほぼ同じ労働	職　員	月　給

上の図の矢印にあるように、臨時的な雇用から順次常勤的な方向に進むことも多いわけで、逆に言えば、③のような人材を、最初から職員として採用するか、②の中から本人

も、法人側も同意して③とする方法があります。

いずれにしても、恒常的勤務を前提とする場合、より慎重な対応が必要となります。

専従職員の中からその人物、仕事ぶりなどから、構成員に加えて、まず常時従事者、さらに将来は役職にもつける含みを持って若手を採用する例も増えています。

構成員自身の後継者が見込めない例も多いため、農業法人経営の継続の視点から、そうした対応も必要になっています。人を雇用する場合、社会保険の適用も欠かせません。

2．求人の方法

求人の方法は①公共職業安定所（職安）を通じる　②新聞広告、ビラ等のミニコミ利用　③新規就農フェアの利用　④口コミ等があり、それぞれ得失があります。

求人方法による強み、弱み

求人上の課題	職安	広告	口コミ
1．量的確保（まとめて大勢）	◎	○	×
2．質的確保（人物本位）	○	○	◎
3．定着性（すぐにやめない）	×	×	○
4．事後指導（社会保険等）	◎	×	×
5．雇用奨励制度利用	◎	×	×

◎最適　○適　×不利

求人の方法では、全国に約600か所ある職安に相談するのが最も手固い方法です。むろん、地域の就職をめぐる需給関係で異なりますが、農業関係にもかなり力を入れている職安もあります。職安は、ハローワークとの愛称も使い、ソフトな対応に努めています。

員数を多く確保したい場合などは、他の方法より強みがありますが、これは採用条件や求職者の状況によっては絶対ではありません。

しかし、労働管理上避けて通れない社会保険等の手続きその他について、具体的に指導を受けたり、窓口として適当な機関等を紹介してもらうには最適です。

さらに近年は特に地方における雇用促進の視点から、「地域雇用開発」にからむ助成金、奨励金に代表される各種の助成措置があります。これにより農産加工施設を作る、賃金や雇入れに必要な経費の一部の助成を受けるなどの道もあります。これらは職安を通じない方法でも全く適用できないことはありませんが、職安を通じた求人とセットで、優遇策も引き出すのが早道です。

職安ルートのマイナス面は、一般に求職者側が農業法人の仕事を特に望んでいるわけでなく、仕事内容と賃金水準、特に待遇面中心に選択するわけで、ほかに日給等の高いところが見つかればすぐにでも退職される度合いが強いことです。

また、男女雇用機会均等法もあり、女性であるという理由で、採用が不利になることは禁じられており、職安での求人の場合に特に注意が必要です。

次に地方新聞の広告、ビラ等ですが、これはその地域の求職者の状況次第で、予想以上の反応がある場合と、全く反応がない場合など効果は予測しにくいものです。採用にあたって農業法人側の、人物を見抜く能力が強く問われる方法でもあります。また、平成11年度から実施された男女雇用機会均等法の改正に伴い、「男性のみ」はもちろん、「女性のみ」といった募集広告の表現も原則として許されなくなりました。

しかし、次の口コミの拡大版であり、思わぬ人材が応募してくる例もあります。つまり農業に関心を持ちながら、具体的なアプローチがわからない、機会がなかったという人には有効です。

これに対して、口コミはその方法も千差万別ですが、仕事の中身や待遇等が理解された上での求人の方法です。効果が直ちに出てこない欠点もありますが、人材を得るためには有効な方法と言えます。親せき、知人、友人等のほか、市町村、県、全国段階の農業経営者組織等の会員同士の交流を通じて、優秀な人材が確保された、全国農業新聞等に先進事例で紹介されたことから視察に来た熱心な青年が実習を希望し定着した、などの例もあります。

また、全国農業会議所と公益社団法人日本農業法人協会では、東京・大阪等で「新・農業人フェア」（農業法人合同会社説明会）で相談対応を行っています。このフェアは、一般企業による会社説明会と同じように、各法人がブースごとに面接するものです。さらに、全国新規就農相談センターは、農業への新規参入希望者の相談窓口で、各都府県農業会議内等と、全国農業会議所内にあります。

農業法人としての継続性を考えた場合に、専従職員から構成員に登用する含みを持った求人もあります。この場合、農業者大学校など自営農業者育成機関等とのコンタクトも重要です。このような機関では農家以外の子弟も多く「就農志願」の人材もいます。

就農希望者は必ずしも農業法人の専従者になることが目的ではありませんが、まず専従者として農業経営に習熟することは最も実践的な農業入門で、意欲的に農作業等に取り組むことが期待され、農業法人側にとってもプラスになります。

その他、求人の方法としては、民営の職業紹介機関（人材紹介会社など）に紹介の依頼をすることが考えられます。従来は、農業への職業紹介は無料の紹介のみが認められ、有料（紹介によって就職した場合、企業が職業紹介機関に報酬を支払う形態）の紹介は職業安定法によって禁止されていましたが、平成11年の職業安定法改正により有料の職業紹介も認められることになりました。その後、平成15年の職業安定法改正により、農業協同組合などの一定の条件を満たした団体については、厚生労働大臣への届出という簡易な手続き（従来は、厚生労働大臣の許可が必要）で、無料の職業紹介事業が可能になりました。また、地方公共団体（都道府県・市町村）による無料職業紹介事業が、新たにスタートしました。このような情勢の下、今後は、農業に関する職業紹介が増えていくものと思われます。

3．採用に当たって

同居の親族のみを使用する事業や家事使用人は除いて、１人でも人を雇うと、労働基準法の適用対象になります。パートタイム労働者でも基本は同じです。

現実には零細な商店、製造業等などでも、いわば家族的信頼に基づいて働いてもらい、労働基準法は意識していない例が実態として多くありますが、人材を確保し、腰を据えて働いてもらうには、雇用関係をきちんとすることが重要で、農業法人においても次第にこのような近代的雇用関係が求められるようになっています。

また同法でいう労働者とは、職業の種類を問わず事業（つまりここでは広い意味での農業）に使用されている者で、賃金を支払われている者を指します（労基法９条）。逆に同法では使用者とは事業主または事業の経営担当者（以下略）となっており（労基法10条）、農業法人の構成員そのものは、出資者でもあり一般には使用者とも解釈されます。しかし、構成員であっても実態として賃金、給料など労働の代償として支払われる部分が、構成員であるための配当等より多く、農事組合法人の理事、株式会社の取締役等であっても、経営責任者要件（業務執行要件）に該当しない者は、労働基準法で示す労働者であるともみられます。

〈採用時に明示すべき事項〉

人を雇うのは一つの契約であり、労働契約を締結することが第一歩ですが、労働契約については、使用者が明示しなければならない労働条件が13項目あり、このうち５項目は必ず明示しなければならないとされています（労基法第15条１項）。

〈必ず明示しなければならない５条件〉

①　労働契約の期間
②　就業の場所、従事すべき業務
③　始業、終業の時刻、時間外労働の有無、休憩時間、休日、休暇、交替勤務させる場合の方法
④　賃金の決定、計算、支払い方法、昇給等
⑤　退職（解雇の事由を含む）
（このうち④の昇給に関する事項を除いて文書で明示することになっている）
その他の条件は①退職手当て関係　②臨時賃金や賞与関係　③労働者に負担させる食費、作業用品　④安全・衛生関係　⑤職業訓練　⑥災害補償関係　⑦表彰、制裁　⑧休職

４．就業規則 （209頁　第７―１（参考）農業モデル就業規則と解説参照）

常時10人以上の労働者を使用する場合は、就業規則を作成し、所轄の労働基準監督署に届け出なければなりません（労基法第89条）。

就業規則というのは、労務面からみた「職場のルール」であり、①労働条件と②服務規律が２本の柱になっています。

このうち、労働条件に関しては、労働基準法その他の法令に則したものでなければなりません。すなわち、就業規則の規定の内容は、労働基準法等の法令の基準を下回るものであってはなりません（労基法第92条第１項。逆に就業規則の規定の内容が、労働基準法の基準を上回ることは許されます）。

ただし、農業には、労働基準法の労働時間、休憩、休日に関する諸規定の適用はありませんので（労基法第41条第１号）「１日８時間・１週40時間」といったような厳格な労働時間の枠は適用されません。そのため、農繁期と農閑期の特質に応じ、柔軟な労働時間の枠組みを就業規則で定めるべきです。なお､労働基準法上の年次有給休暇（労基法第39条）は「休暇」に関する制度であって、農業にも適用が認められます。したがって、就業規則には、最低限労基法が保障する日数分の年次有給休暇を付与する旨の規定を置かなければなりません。

就業規則は、元来、使用者が一方的に制定するルールとして発生したものであり、ルールを制定・変更する際に、労働者側の同意は不要です。ただし、使用者は労働組合（または労働者の代表者）から意見の聴取を行い、その意見書を添付して就業規則を労働基準監督署に届け出なければなりません（労基法第90条）。

5．法人新設に際し必要となる労務関係の手続き

ア　従業員を１人でも雇い入れる場合に必要となる手続き

・労働基準監督署との関係では、「適用事業報告」を提出しなければなりません。なお、農業の場合は、労働時間や休日に関する労働基準法の諸規定の適用はありませんので（労基法第41条第１号)、他の産業の場合のように時間外・休日労働に関する協定（労基法第36条の協定）を結ぶことは不要です。

・従業員との関係では、労働条件の明示が必要です（労基法第15条第１項)。先に述べたように一定の重要な労働条件については、書面を従業員に交付することにより明示しなければなりません。

イ　従業員を10人以上雇い入れる場合に必要となる手続き

まず、「就業規則」を作成し、労働組合（または従業員代表者）から「意見書」を提出させます。その後、「就業規則届」を作成し、「就業規則」そのものと「意見書」を添えて、所轄の労働基準監督署に届出をします（労基法第90条第２項)。

6．労務管理と福利厚生

労務管理の基本は経営主側（農事組合法人では理事、株式会社では取締役）が、明確な経営理念や実行力を持ち、それが従業員によく理解されるように努めることです。

またいかに良い人間関係を持つか、これが農業法人の構成員間はむろん、従業員も含めた関係者全体の関係でも最も重要なことで、多くの中小企業においてもさまざまな工夫がなされています。

〈人間関係を円滑にする行事等〉

①　朝礼等のミーティング

短時間でもできるだけ全員で行うようにします。

②　社内報、掲示板

重要な確認事項は口頭でなく社内報等文書で徹底を図るようにします。

③　職場懇談（懇親）会

収穫祭、畜魂祭その他年間の作業や事業の節目に祝宴に先立って行うのが効果的です。

④　提案制度

日常の仕事を通じて、改善すべき事項などの提案を募集し、採用したものには何らかの報奨を行うようにします。

⑤　誕生会、家族慰安会、親睦会

職場懇親会より一段と打ちとけた雰囲気で全員、家族等の和を図るようにします。

〈福利厚生例〉

A県K農事組合法人の例

（3戸5名の構成員、常雇2名で加工ダイコン中心の畑作経営。ダイコン加工にピーク月は65人の臨時雇用）

・年1回女性にスカーフ、男性にツナギ作業衣支給。6月に農場招待の慰安旅行（県外1泊）、8月に雇用者のほか関係機関も招き盛大な農場祭を開いています。
  臨時雇いのうち、年間の雇用期間が長い25人については雇用保険、労災保険のほか任意の傷害保険もかけています。

7．契約社員について

契約社員は、一般的には、特定の職務（特に専門的職種）に従事させるために、雇用期間を定めて雇用する者を指すことが多いのですが、雇用期間を定めて雇用する者をすべて契約社員という例もあります。

契約社員を雇用する際には、必ず契約書を締結し、本人の署名、押印を得ておくべきです。また、契約では、必ず3年以内の雇用期間（一定の専門的知識等を有する者・60歳以上の者については5年以内）を定めておくべきです（労基法第14条）。

更新の契約を行う場合は、あらためて契約書を作成し、本人の署名、押印を得ておきます。なお、契約更新の有無や更新がある場合の判断基準については、契約書に明記すべきです。

契約社員に特定の職務のみを担当させる場合には、そのことを契約書に明記しておかなければなりません。そうでなければ、その職務について雇用を継続する必要がなくなったときに、雇止めや解雇に支障をきたすおそれがあるからです。

契約社員については、賃金、賞与、退職金、その他の労働条件が正社員と異なるのが通常ですから、それらの点については、契約書に明記しておかなければなりません。また、契約社員の契約書で正社員と異なる取扱いを定める場合は、就業規則において、契約社員特有の取扱いについて定めるか、契約社員用の就業規則を定める必要があります。そうしなければ、契約社員の契約で定めた労働条件のうち、就業規則で定める基準に達しない部分は無効とされ、就業規則によることになります（労基法第93条）。

契約社員の契約書の例を次に掲げます。

契約社員雇用契約書

株式会社○○○○（以下、甲という。）と○○○○（以下、乙という。）とは、次の通り契約社員雇用契約を締結した。

（雇用契約、業務内容）

第1条　乙は、甲のために契約社員として下記業務に従事することを約し、甲はこれに対して賃金を支払うことを約した。

業務内容　○○○○○○○○

（雇用契約の期間）

第2条　雇用契約の期間は、令和○年○月○日から令和○年○月○日までの１年間とする。

（指揮・命令、諸規則の遵守）

第3条　乙は、甲の指揮・命令に従って誠実に勤務し、この契約条項に定めるもののほか甲の定める諸規則を遵守する。

（勤務時間等）

第4条　勤務時間は１日８時間とし、始業時刻は午前９時、終業時刻は午後６時とする。

２　休憩は、正午から午後１時までの１時間とする。

３　甲は、業務上必要があるときは、早出、残業を命ずることがある。

（休日、年次有給休暇）

第5条　休日は、毎週日曜日及び土曜日、国民の祝日、及び正月休み（12月30日～１月３日）とする。ただし、業務上の必要があるときは、休日に勤務を命じ、もしくは休日を他の日に振り替えることがある。

２　年次有給休暇については、労働基準法第39条の定めるところによる。

（賃金）

第6条　賃金は日給○○○○円とし、毎月20日に締め切り、これをその月の25日に支払う。

２　通勤手当は実費全額を支給するが、所得税の非課税限度額を上限とする。

３　賞与その他の諸手当は支給しない。

４　退職金は支給しない。

（解雇）

第7条　甲は、乙が契約社員就業規則第○○条の解雇事由または第○○条の懲戒解雇事由に該当する場合は、乙を解雇することができる。
（雇用契約期間の満了）
第8条　雇用契約の期間が満了したときは、本契約は当然に終了し、契約の更新は行わない。
（相談窓口）
第9条　雇用管理の改善等に関する事項にかかる相談窓口は○○部　主任の
とする。（連絡先　　　　　　　　　　）
（就業規則）
第10条　本契約に定めのない事項については、契約社員就業規則の定めによる。

令和　　年　　月　　日

甲　所在地
会社名
代表者名　　　　　　　　㊞

乙　住　所
氏　名　　　　　　　　㊞

8．外国人材の活用

1．外国人技能実習制度

外国人技能実習制度は、我が国が先進国として、開発途上国等の青壮年労働者を日本の産業界に技能実習生として受け入れ、一定期間在留する間に実習実施機関において技術・技能、知識を実践的かつ実務的に習熟させる機会を提供することで、諸外国等への技術・技能の移転と経済発展を担う「人づくり」に協力することを目的とする制度です。

（1）技能実習制度の概要

①　技能実習生の入国要件・・・次のイからトのいずれにも該当する者
イ　18歳以上の外国人
ロ　母国において農業に従事した経験を有すること
ハ　母国での修得が不可能又は困難な技術等を修得しようとすること
ニ　同一作業の反復では修得できない技能等を修得しようとすること

ホ　修得した技能等を帰国後活用し、農業に従事する予定があること

へ　母国・地方公共団体からの推薦があること

ト　本人及び親族等が、保証金や違約金を徴収されないこと

② 監理団体の要件

事業協同組合　農業協同組合、商工会議所、商工会、公益社団法人、公益財団法人　等

③ 実習期間

技能実習１号は１年以内、技能実習２号及び３号は最長２年以内

④ 実習実施者（受入れ農家）の受入れ人数枠

基本人数枠

会員企業（組合員）の常勤従業員数	受入れ可能人数枠
301人以上	常勤職員数の20分の1
201人以上　300人以下	15人
101人以上　200人以下	10人
51人以上　100人以下	6人
41人以上　50人以下	5人
31人以上　40人以下	4人
30人以下	3人

ただし、常勤職員に技能実習生は含まない。また１号実習生は常勤職員の総数、２号実習生は常勤職員数の総数の２倍、３号実習生は常勤職員数の総数の３倍を超えることはできない。

団体監理型の人数枠

第１号（1年間）	第２号（2年間）
基本人数枠	基本人数枠の２倍

実習実施者(農家・農業法人)と監理団体がともに優良認定を受けた場合

第１号（1年間）	第２号（2年間）	第３号（2年間）
基本人数枠の２倍	基本人数枠の４倍	基本人数枠の６倍

⑤ 実習実施者の負担

賃金及び管理費

⑥ 職種（技能実習2号・3号対象職種・作業）

イ　耕種農業：施設園芸（きのこ含む）、畑作・野菜、果樹

ロ　畜産農業：養豚、養鶏（採鶏卵）酪農

⑦ 送り出し機関（外国側）

政府公認の団体・会社、地方行政府の機関

⑧ 技能実習生の主な出身国

ベトナム、タイ、インドネシア、中国、フィリピン等

（2）技能実習生の労働関係法令の取扱

外国人も日本国内で就労する限り、原則として労働関係法令の適用があります。技能実習生は外国人労働者に含まれるとしているので、技能実習生には、労働基準法、労働安全衛生法、最低賃金法、労働者災害補償保険法等の労働者に係わる諸法令が適用されます。

農業労働は、労働基準法の労働時間・休憩・休日等に関する規定については適用除外とされていますが、技能実習制度においては他産業との均衡を図る意味からこれら労働時間関係についても基本的に労働基準法の規定に準拠するものとされています（「農業分野における技能実習移行に伴う留意事項について」農林水産省農村振興局地域振興課平成12年３月、「農業分野における技能実習生の労働条件の確保について」農林水産省経営局就農・女性課長平成25年３月28日）。具体的には、法定労働時間や法定休日を守ることが求められています。

（3）技能実習生の労働・社会保険の適用

①　入国後２か月間（1か月間）は国保・国年に加入

技能実習生は、日本に入国してから２か月間（本国で入国６月以内に監理団体等が160時間以上外部講習を実施した場合は１か月）を講習期間としています。講習期間は、日本語や日本での生活を座学によって学ぶ期間であり、技能実習生は、この期間は労働者ではないので労働保険（労災保険、雇用保険）と社会保険（健康保険、厚生年金保険）には加入できません。この期間、技能実習生は、国民健康と国民年金に加入することになります。

②　技能実習生は、原則、労働・社会保険の加入が義務

＜労働保険の加入＞

技能実習生の受け入れ先が法人であれば、労災保険の適用労働者となり、雇用保険の被保険者となります。また、農業等で従業員５人未満の暫定任意適用事業（労働保険が任意加入の事業）の場合、労働保険に任意加入して、労災保険・雇用保険の適用を受ける必要があります。

＜社会保険の加入＞

技能実習生の受け入れ先が法人であれば、健康保険と厚生年金保険の被保険者となります。農業の技能研修生で、受け入れ先が個人経営で社会保険の適用事業所でない場合には、引き続き国保と国年に加入することになります。

技能実習生の労働・社会保険の適用

	労災保険	雇用保険	健康保険	厚生年金保険
講習期間	非適用	非適用	非適用 （国民年金に加入）	非適用 （国民年金に加入）
実習開始後	適用	適用	適用※1	適用※2

※1　受入れ農家が個人事業の場合は国民健康保険に加入
※2　受入れ農家が個人事業の場合は国民年金に加入

２．特定技能外国人

（1）農業は特定技能1号のみ

2019年４月１日に改正入管法が施行され、新しく在留資格「特定技能」が設けられ、深刻な人手不足と認められた建設業や介護、飲食料品製造業等、農業を含む12分野において外国人労働者の就労が可能となりました。特定技能には、１号と２号があり、特定技能１号は、分野毎に課せられる技能試験と日本語試験に合格するか（試験ルート）、技能実習２号を良好に修了すること（技能実習からの移行ルート）で、当該分野に限り５年間の就労が可能になる資格です。特定技能２号は、１号修了者が移行できる資格で、現在、建設と造船・船舶工業の２分野のみが１号から２号への移行が可能な分野となっています。

特定技能1号のポイント

○在留期間：１年、６か月又は４か月ごとの更新，通算で上限５年まで
○技能水準：試験等で確認（技能実習２号を修了した外国人は試験等免除）
○日本語能力水準：生活や業務に必要な日本語能力を試験等で確認（技能実習２号を修了した外国人は試験等免除）
○家族の帯同：基本的に認めない
○受入れ機関又は登録支援機関による支援の対象

（2）受入れ機関（農業法人等）について

①　受入れ機関が外国人を受け入れるための基準

・外国人と結ぶ雇用契約が適切（例：報酬額が日本人と同等以上）
・機関自体が適切（例：５年以内に出入国・労働法令違反がない）
・外国人を支援する体制あり（例：外国人が理解できる言語で支援できる）
・外国人を支援する計画が適切（例：生活オリエンテーション等を含む）

②　受入れ機関の義務

・外国人と結んだ雇用契約を確実に履行（例：報酬を適切に支払う）

・外国人への支援を適切に実施
・出入国在留管理庁への各種届出

(3) 登録支援機関について

① 登録を受けるための基準

・機関自体が適切(例:5年以内に出入国・労働法令違反がない)
・外国人を支援する体制あり(例:外国人が理解できる言語で支援できる)

② 登録支援機関の義務

・外国人への支援を適切に実施
・出入国在留管理庁への各種届出

(4) 農業分野における特定技能の概要

① 人材の基準

[技能試験]	[日本語能力試験]
※技能実習2号修了者は免除 農業技能測定試験 ① 耕種農業全般 ② 畜産農業全般	※技能実習2号修了者は免除 国際交流基金日本語基礎テスト等

② 業務

・耕種農業全般(栽培管理、集出荷・選別等※栽培管理の業務が含まれている必要)
・畜産農業全般(飼養管理、集出荷・選別等※飼養管理の業務が含まれている必要)
※日本人が通常従事している関連業務(農畜産物の製造・加工、運搬、販売の作業、冬場の除雪作業等)に付随的に従事することも可能

③ 受入れ機関等の条件

・「農業特定技能協議会※」に参加し、必要な協力を行うこと
・過去5年以内に労働者(技能実習生を含む)を少なくとも6か月以上継続して雇用した経験があること等
※制度の適切な運用を図るため、農林水産省が2019年3月27日に設置。協議会においては、構成員の連携の緊密化を図り、各地域の事業者が必要な特定技能外国人が受け入れられるよう、制度や情報の周知、法令遵守の啓発、地域ごとの人手不足の状況を把握しての必要な対応等を実施。

④ 雇用形態

・直接雇用
・労働者派遣（派遣事業者は、農協、農協出資法人、特区事業を実施している事業者等を想定）

（5）農業分野の外国人材の在留資格制度の比較

	技能実習制度	特定技能制度
在留資格	技能実習（実習目的）	特定技能１号（就労目的）
在留期間	最長５年 （技能実習期間中は原則帰国不可） ※４年目の実習（技能実習３号）を開始する際に、１か月以上帰国させる必要	通算で最長５年 （在留期間中の帰国可）
従事可能な業務の範囲	・耕種農業のうち 「施設園芸」「畑作・野菜」「果樹」 ・畜産農業のうち 「養豚」「養鶏」「酪農」 ※農作業以外に、農畜産物を使用した製造・加工の作業の実習も可能	・耕種農業全般 ・畜産農業全般 ※日本人が通常従事している関連業務（農畜産物の製造・加工、運搬、販売の作業、冬場の除雪作業等）に付随的に従事することも可能
技能水準	―	「受入れ分野で相当程度の知識又は経験を必要とする技能」 （一定の専門性・技能が必要） ※業所管省庁が定める試験等により確認。ただし、技能実習（３年）を修了した者は試験を免除
日本語能力の水準	―	「ある程度日常会話ができ、生活に支障がない程度の能力を有することを基本」 ※試験等により確認。ただし、技能実習（３年）を修了した者は試験を免除
受入れ主体（雇用主）	実習実施者（農業者等） ※農協が受入れ主体となり、組合員から農作業を請け負って実習を実施することも可能	・農業者等 ・派遣事業者（農協、農協出資法人、特区事業を実施している事業者等を想定）

活用しよう「雇用就農資金」

農業法人等が新たに就農希望者を雇用し、農業への就業や独立就農に必要な技術・経営ノウハウ等を習得させる実践研修を行う場合に資金が助成されます。「雇用就農者育成・独立支援タイプ」では年間最大60万円、最長４年間助成されますので、法人の経営発展に向け積極的な活用をお勧めします。

雇用就農資金

支援タイプ	助成期間	助成額※1～3
雇用就農者育成・独立支援タイプ	最長４年間	年間最大 60 万円（月額５万円）
新法人設立支援タイプ		年間最大 120 万円（月額 10 万円） （３－４年目は最大 60 万円）（月額５万円）
次世代経営者育成タイプ	最長２年間	年間最大 120 万円

※１）雇用就農者育成・独立支援タイプおよび新法人設立支援タイプは、新規雇用就農者の増加分が支援対象となります。

※２）雇用就農者育成・独立支援タイプおよび新法人設立支援タイプは、新規雇用就農者が多様な人材（障がい者、生活困窮者、刑務所出所者等）の場合は、年間最大15万円（月額1.25万円）が加算されます。

※３）事業実施期間が3ヶ月未満の場合は助成金は交付されません。

詳しくはこちらから

第8 農業法人の社会保険

公的な社会保険制度は、大きく分けて社会保険と労働保険があり、その種類は平成12年度からスタートした介護保険を含めることもあります。農業者は個人としても何らかの社会保険にかかわっていますが、個人農家である場合と、農業法人の場合には、適用する種類等が違ってくるほか、従業員がある場合には事業主として従業員に関係する社会保険についても、一定の責任が出てくるわけです。

各種社会保険の内容はきわめて複雑であり、具体的な適用については、それぞれの関係機関の出先の指導窓口、あるいは、労働保険事務組合、社会保険労務士（有料）等に相談して指導を受けることも必要になってくるでしょう。

本書では、農業法人に関係のある社会保険について、その仕組みの概要を述べることとします。そして、最後に社会保険そのものではありませんが、関連事項として小規模企業共済制度について概要を紹介します。

1．法人なら社会保険の適用事業所に

健康保険や厚生年金に関して、一般に常時５人以上の労働者を雇っている事業所は強制加入の「適用事業所」と呼ばれています（健保法第３条第３項第１号・厚年法第６条第１項第１号）。

農林水産業については、申請して許可を受ければ任意加入できる例外扱いをされてきました（健保法第31条第１項・厚年法第６条第３項）。現在でも任意組合等はそうですが、法人については、１人でも専従で働く人がいれば強制的に加入が義務づけられることに適用範囲が拡大され、農業法人も強制適用の対象になりました。

すなわち、健康保険と厚生年金については従業員が５人に満たない事業所や、５人以上でも農林水産業、サービス業等は、希望すれば加入できる任意加入でしたが、昭和63年４月１日から、１人でも従業員を使用する法人の事業所は、すべて強制加入の対象となっております（健保法第３条第３項第２号・厚年法第６条第１項第２号）。

この場合、臨時あるいは季節的に雇う人だけなら強制適用の対象になりません。逆に一般には労働者とは別に考えられる法人の経営者でも、単なる出資者等でなく、法人の労働に従事する人は、労務を法人に提供して報酬を得ている社会保険の対象者とされ、健康保険、厚生年金保険に加入することになります。

社会保険の主な種類

	制　度	被　保　険　者	保 険 者	給付事由	相談窓口
医療保険	健康保険 ◎	健康保険の適用事業所で働く人	全国健康保険協会、健康保険組合	業務外の病気・けが、お産、死亡	全国健康保険協会 年金事務所
	日雇特例被保険者	健康保険の適用事業所で働く日雇労働者	全国保険協会		
	国民健康保険	健康保険・船員保険・共済組合などに加入している勤労者以外の一般住民	市（区）町村	病気・けが、お産、死亡	市（区）町村役場
年金保険	厚生年金保険 ◎	厚生年金保険の適用事業所で働く民間会社の勤労者	厚生労働省	老齢、障害、死亡	年金事務所
	国民年金 ◎	①一般地域住民（第１号被保険者） ②被用者年金の被保険者（第２号被保険者）とその被扶養配偶者（第３号被保険者）	厚生労働省		年金事務所 市（区）町村役場
労働保険	労災保険 ◎	原則としてすべての事業が適用をうけ、そこに働くすべての労働者が給付の対象	厚生労働省	業務上・通勤途上の病気・けが、障害、死亡	労働基準監督署
	雇用保険 ◎	原則としてすべての事業が適用をうけ、その従業員が被保険者となる。		失業、雇用の継続が困難となる事由	公共職業安定所
介護保険	介護保険 ◎	①市町村に住所を有する65歳以上の者（第１号被保険者） ②市町村に住所を有する40～64歳の医療保険加入者	市（区）町村	要介護、要支援	市（区）町村役場

注：１　◎印が農業法人に適用される社会保険
　　２　農業者年金については別項で説明

国民健康保険と異なり、報酬金額等によって保険料が異なるなど、諸手続きも最初は手数がかかりますが、名実とも法人となっていくための一つの過程といえましょう。

2．健康保険

健康保険は、大企業等が単独で、あるいは同業者の事業所が健康保険組合を作ってそれに加入している場合を除き、全国健康保険協会が運営しており、具体的には各地にある年金事務所が加入に始まる諸手続き等を行っています。

農業法人の場合は、健康保険組合ではないので、全国健康保険組合の都道府県支部又は年金事務所の指導を受けて加入その他の手続きを行うことが必要です。

これらの手続きは厚生年金保険もその段取り等は同じで、例えば新規適用届は健康保険と厚生年金保険が一括したものになっており、どちらかだけの加入はできません。

健康保険の保険料の月額は、標準報酬月額に保険料率を乗じた額になり、これを事業主と被保険者が折半して年金事務所に納入することになっています。また、賞与についても、標準賞与額（実際に支払われた賞与額の1,000円未満を切り捨てた額で、573万円が上限）に保険料率を乗じた額となり、事業主と被保険者が折半して年金事務所に納付します。

健康保険は後述の労災保険が業務上の病気等を対象としているのに対し、それを除いた病気やケガ、お産や死亡に対して給付が行われるものです。

病気等の場合は、３割（小学校就学前の乳幼児は２割）の自己負担で、必要な治療を受けられます。

別項の労働保険（業務上の事故等が対象の労災保険と雇用保険）の場合、中小規模の事業主の保険に関しては、労働保険事務組合に事務を委託することができます。労働保険事務組合の実態は「事業協同組合」か「商工会議所」か「商工会」のことが多いといえます。農業での同業者組合はありませんし、商工会議所でも規約で農業が入っていないところもありますので注意してください。健康保険や厚生年金についてはそのような特別な仕組みがなく、相談窓口もある年金事務所の指導を直接受けることになっています。

いずれにせよ、社会保険に関しては、確定賃金が支払われる常時従事の構成員等について給与台帳その他の諸帳簿が整っていないと対応ができないわけで、法人の経理とともに、労務関係帳簿も常時整備しておくことが必要です。

3．年　　金

農業法人に関係する年金制度には、厚生年金、農業者年金があります。

厚生年金は民間企業の常時雇用者を対象にしており、農業法人の雇用者が厚生年金に加入します。また、厚生年金は健康保険と抱き合わせ加入になっており、どちらか一方に加入すれば他方にも加入しなければなりません。年金事務所では、前述の新規適用手続きの際に、他の年金あるいは国民健康保険等からの切り換え等の指導を行うことになっています。

厚生年金保険の保険料については、健康保険の場合と同様のシステムが採られていますが、以下の２点が異なっています。①保険料の月額は、標準報酬月額に保険料率を乗じた額（健康保険の場合の保険料率と異なります）です。②標準賞与額は厚生年金保険と児童手当拠出金は１か月当たり150万円が上限となっています。なお、厚生年金保険の被保険者を使用する事業主には、子ども手当等の支給に要する費用の一部として子ども・子育て拠出金を全額負担することになります。この子ども・子育て拠出金の額は、被保険者個々の厚生年金保険の標準報酬月額及び標準賞与額に拠出金率（0.36％）を乗じて得た額の総額となります。

農事組合法人の構成員が賃金ではなく、従事分量配当を受けている場合は、労働者ではないので、農業法人からの収入に関する限り、国民年金に加入するほかありません。

農業者年金は、従事分量配当制をとっていて厚生年金保険の適用を受けていない農業法人の構成員であって、一定の要件を満たせば加入できます（給料制の農業法人の場合は、厚生年金保険が強制適用となるので、農業者年金には加入できません）。

4．労災保険と特別加入

労災保険は労働者災害補償保険の略称で、労働者災害補償保険法に基づいています。

基本は労働者を対象に、業務中や通勤中の負傷、疾病、障害または死亡等について保険給付することを目的としており（労災法第１条）、健康保険が、一般の（業務外の）負傷や病気等を対象としているのに対し、「業務上」の理由によるところが違います。

労災保険は原則として全業種が強制加入ですが（労災法第３条第１項）、農業については、「労働者５人未満の個人経営の事業であって、特定の危険または有害な作業を主として行う事業以外のもの」は暫定任意適用事業となっております。

ここでは個人経営と限定されており、農業法人で労働者を雇っている場合は、労災保険の強制加入の範囲にあります。つまり事業主が１人でも人を雇った場合、採用日からその者に保険関係が成立することになり、労働基準監督署に「保険関係成立届」を提出しなければなりません。

労災保険は労働者のためですが、一般の農業者、農業法人の役員等も、労働者でなくても農作業等の労働にも従事するわけで、これに応じた特別加入（任意加入）の道があります（労災法第33条）。

これには①厚生労働大臣が定めた特定の農業機械を使う人（指定農業機械使用者）が、その機械を使っての作業中の事故について労災対象として補償するもの、②厚生労働省令で定める特定の作業（例えば、動力により駆動される機械を使用する作業）に従事する人がその作業中の事故について労災対象として補償するものがあり、そのほか、③「中小事業主」とその家族従事者、法人の役員を対象とした特別加入があります。③は、常時300人以下の中小規模事業を対象としたもので、農業法人の場合は、役員とその家族が加入できるわけですが、加入に際しては労働保険事務組合に労働保険事務の処理を委託しなければならないことになっています。同組合は雇用保険についても事務代行しています。

特別加入に伴う保険料、補償内容等は、一定のランクがあり、給付基礎日額は１日3,500円から最高25,000円の16ランクとなっており、加入の際にランクを選定して納付する点は、両方の特別加入に共通です。

なお、特別加入した場合には、本来暫定任意適用事業も強制適用事業となります。

また、健康保険と異なり、業務上の病気やケガを対象にしているという労働保険の性格上、治療等の病院でかかる費用のほか、一定の範囲で病気やケガ等による休業に対しての「休業補償給付」、失明したり手足を失うなど業務上起きた事故の後遺障害に対しての、障害の程度により年金や特別支給金の支給、さらに遺族補償給付などもあります。

また、一般の労災の場合は、保険料等を選択する特別加入制度と異なり、その業種ごとに保険料率が設定されており、令和４年４月１日現在での「農業または海面漁業以外の漁業」は1,000分の13となっています。したがって、支払われた総賃金の1.3％を保険料として納付すると考えればよいでしょう。

いずれにせよ雇用保険（失業保険）とともに労働基準監督署、公共職業安定所の指導を受けて、後悔のないような備えが重要です。

５．雇用保険

労災保険と共に労働保険の柱となっており、その事務等については、公認の労働保険事務組合が代行してくれます。ただし、労災保険の特別加入のような農業法人の役員等、人を雇う立場の人は加入できません。

労災については農業法人の構成員で、いわゆる労働者でなくても、農作業等の労働に従事することから特別加入の道があることは前述の通りですが、雇用保険は労働者が失業した場合に必要な給付を行って、労働者の生活安定を図る目的で始まった制度だからです。

反面において、人を雇用した場合に法人の事業主は、その人を雇用保険に加入させることは任意でなく、強制適用となっている点は、労災保険と同じであり、保険料等の算定基礎等は年間支払い賃金総額を基準として、一定の比率（令和５年４月から農林水産及び清酒製造の事業は事業主1000分の10.5、被保険者1000分の７）で事業主と、被保険者が負担します。

〈短期雇用特例被保険者制度の適用〉

一般の雇用保険は年間を通じて雇用されている労働者が対象ですが、北海道、東北などの積雪単作地帯の農業法人の従事者は事実上冬期間は失業となります。

しかし、農作業期間になれば再び雇用（６か月以上）されるわけで、１年未満の短期ながら、繰り返し雇用されるような場合、短期雇用特例被保険者として扱い、失業した場合に50日分の基本賃金分を特例一時金として受け取ることができる仕組みがあります。

この場合、公共職業安定所に行き、求職の申込み、さらには失業の認定など手続きを受ける必要があります。

（注）　保険料の料率等は改訂されることがありますので注意してください。

６．法人新設に際し必要となる社会保険関係の手続き

⑴　社会保険（医療・年金）関係

・事業所に関する手続きとして、開設後５日以内に「健康保険・厚生年金保険新規適用届」を所轄の年金事務所に提出します。

・個々の従業員に関する手続きとしては、「健康保険・厚生年金保険被保険者資格取得届」を雇入れ後５日以内に、所轄の年金事務所に届け出なければなりません。また、従業員に扶養家族がいる場合は、「被扶養者届」をその従業員に記入させたうえで回収し、資格取得届とともに所轄年金事務所に届け出ます。

⑵　労働保険関係

・事業所に関する手続きとしては、「保険関係成立届」を人を使用して事業を開始してから10日以内に、所轄の労働基準監督署・公共職業安定所に提出しなければなりません。また、雇用保険の適用事業所を設置したときは、「雇用保険適用事業所設置届」を設置から10日以内に所轄公共職業安定所に提出する必要があります。さらに、労働保険においては、保険料の支払いが年度単位の前払い方式（年度ごとに後

日精算）をとっているため、保険関係成立日から50日以内に「概算保険料申告書」を提出して労働保険料を所轄の労働基準監督署・公共職業安定所に申告・納付しなければなりません。

・個々の従業員に関する手続きとして、雇用保険の被保険者を雇用したときには、「雇用保険被保険者資格取得届」を雇い入れた日の属する月の翌月10日までに、所轄公共職業安定所に提出しなければなりません。

7．小規模企業共済等について

小規模企業共済制度は、常時使用する従業員が20人（商業とサービス業では５人）以下の小規模企業の個人事業主や会社などの役員が事業を廃止したり退職した場合に、生活の安定や事業の再建を図るための資金を準備する手段として、国が作った「事業主の退職金制度」といえるものです。小規模企業共済法に基づき独立行政法人中小企業基盤整備機構が運営しています。

農業関係では、常時使用する従業員の数が20人以下の農業を営む個人事業主、または農業を営む法人の役員の方が加入できます。また、農事組合法人の役員も加入できることになっています。ただし、サラリーマン兼業の方は加入することができません。

常時使用する従業員には、家族や臨時の従業員は含まれないことになっています。

（常時雇用しているパートタイマーは人数に入れますが、１年以内に限って働いている者は臨時従業員とされ、人数には入れません）

この制度の窓口は、商工会、商工会議所や銀行、信用金庫、信用組合などです。

毎月の掛け金は1,000円～７万円までの範囲内で500円きざみで自由に選択できます。また加入後の増額、減額ができます。

掛け金は、その契約者本人（支払い者本人）の支払った金額が所得税及び住民税において社会保険料の支払い額と同様に、小規模企業共済掛金控除として全額を控除することができます。なお、この掛け金は契約者本人が自分の所得の中から納付することとなりますので、法人の経理上は損金として処理することはできません。

共済金の受取方法は、一時払いか分割払いかを選択できます。共済金の額については、掛け金の月額と納付月数、さらに共済事由によって、額が異なってきます。

また、公益社団法人日本農業法人協会では、会員のための独自の傷害保険制度を創設しています。協会会員である農業法人等の従業員等（経営者、パートを含む）が、農場の関連業務に従事しているとき、不慮の事故によって傷害を受け、死亡または入院、通院した場合に保険金を支払う制度です。

参考資料

第2—1（様式）

様式例第1号の1

農地法第3条の規定による許可申請書

年　　月　　日

農業委員会会長　殿

当事者

＜譲渡人＞　　住所　　氏名

＜譲受人＞　　住所　　氏名

下記農地（採草放牧地）について ｛所有権 / 賃借権 / 使用貸借による権利 / その他使用収益権（　　　）｝ を ｛設定（期間○○年間） / 移転｝

したいので、農地法第3条第1項に規定する許可を申請します。（該当する内容に○を付してください。）

記

1　当事者の氏名等

当事者	氏名	年齢	職業	住所
譲渡人				
譲受人				

2　許可を受けようとする土地の所在等（土地の登記事項証明書を添付してください。）

所在・地番	地目		面積（㎡）	対価、賃料等の額（円）［10a当たりの額］	所有者の氏名又は名称［現所有者の氏名又は名称（登記簿と異なる場合）］	所有権以外の使用収益権が設定されている場合	
	登記簿	現況				権利の種類、内容	権利者の氏名又は名称
				［　　／10a］	［　　］		

3　権利を設定し、又は移転しようとする契約の内容

（記載要領）

1　法人である場合は、住所は主たる事務所の所在地を、氏名は法人の名称及び代表者の氏名をそれぞれ記載し、定款又は寄付行為の写しを添付（独立行政法人及び地方公共団体を除く。）してください。

2　競売、民事調停等による単独行為での権利の設定又は移転である場合は、当該競売、民事調停等を証する書面を添付してください。

3　記の３は、権利を設定又は移転しようとする時期、土地の引渡しを受けようとする時期、契約期間等を記載してください。また、水田裏作の目的に供するための権利を設定しようとする場合は、水田裏作として耕作する期間の始期及び終期並びに当該水田の表作及び裏作の作付に係る事業の概要を併せて記載してください。

農地法第３条の規定による許可申請書（別添）

Ⅰ　一般申請記載事項

＜農地法第３条第２項第１号関係＞

１－１　権利を取得しようとする者又はその世帯員等が所有権等を有する農地及び採草放牧地の利用の状況

		農地面積（㎡）	田	畑	樹園地	採草放牧地面積（㎡）
所有地	自作地					
所有地	貸付地					

		所在・地番	地目		面積（㎡）	状況・理由
			登記簿	現況		
所有地	非耕作地					

		農地面積（㎡）	田	畑	樹園地	採草放牧地面積（㎡）
所有地以外の土地	借入地					
所有地以外の土地	貸付地					

		所在・地番	地目		面積（㎡）	状況・理由
			登記簿	現況		
所有地以外の土地	非耕作地					

（記載要領）

１　「自作地」、「貸付地」及び「借入地」には、現に耕作又は養畜の事業に供されているものの面積を記載してください。

　なお、「所有地以外の土地」欄の「貸付地」は、農地法第３条第２項第６号の括弧書きに該当する土地です。

２　「非耕作地」には、現に耕作又は養畜の事業に供されていないものについて、筆ごとに面積等を記載するとともに、その状況・理由として、「賃借人○○が○年間耕作を放棄している」、「～であることから条件不利地であり、○年間休耕中であるが、草刈り・耕起等の農地としての管理を行っている」等耕作又は養畜の事業に供することができない事情等を詳細に記載してください。

1－2　権利を取得しようとする者又はその世帯員等の機械の所有の状況、農作業に従事する者の数等の状況

(1)　作付(予定)作物、作物別の作付面積

	田	畑			樹園地			採草放牧地
作付(予定)作物								
権利取得後の面積(㎡)								

(2)　大農機具又は家畜

数量＼種類					
確保しているもの 所有 リース					
導入予定のもの 所有 リース (資金繰りについて)					

(記載要領)

1　「大農機具」とは、トラクター、耕うん機、自走式の田植機、コンバイン等です。「家畜」とは、農耕用に使役する牛、馬等です。

2　導入予定のものについては、自己資金、金融機関からの借入れ(融資を受けられることが確実なものに限る。)等資金繰りについても記載してください。

(3)　農作業に従事する者

①　権利を取得しようとする者が個人である場合には、その者の農作業経験等の状況
農作業暦○○年、農業技術修学暦○○年、その他（　　　　　　　　　　　　　　　）

②　世帯員等その他常時雇用している労働力(人)	現在：	(農作業経験の状況：　　　　)
	増員予定：	(農作業経験の状況：　　　　)
③　臨時雇用労働力(年間延人数)	現在：	(農作業経験の状況：　　　　)
	増員予定：	(農作業経験の状況：　　　　)

④　①～③の者の住所地、拠点となる場所等から権利を設定又は移転しようとする土地までの平均距離又は時間

＜農地法第３条第２項第２号関係＞

（権利を取得しようとする者が農地所有適格法人である場合のみ記載してください。）

２　その法人の構成員等の状況（別紙に記載し、添付してください。）

＜農地法第３条第２項第３号関係＞

３　信託契約の内容

（信託の引受けにより権利が取得される場合のみ記載してください。）

＜農地法第３条第２項第４号関係＞

（権利を取得しようとする者が個人である場合のみ記載してください。）

４　権利を取得しようとする者又はその世帯員等のその行う耕作又は養畜の事業に必要な農作業への従事状況

「（世帯員等」とは、住居及び生計を一にする親族並びに当該親族の行う耕作又は養畜の事業に従事するその他の２親等内の親族をいいます。）

農作業に従事する者の氏名	年齢	主たる職　業	権利取得者との関係（本人又は世帯員等）	農作業への年間従事日数	備　考

（記載要領）

備考欄には、農作業への従事日数が年間150日に達する者がいない場合に、その農作業に従事する者が、その行う耕作又は養畜の事業に必要な行うべき農作業がある限りこれに従事している場合は○を記載してください。

＜農地法第３条第２項第５号関係＞

５－１　権利を取得しようとする者又はその世帯員等の権利取得後における経営面積の状況（一般）

(1)　権利取得後において耕作の事業に供する農地の面積の合計

（権利を有する農地の面積＋権利を取得しようとする農地の面積）＝　　　　　　（㎡）

(2)　権利取得後において耕作又は養畜の事業に供する採草放牧地の面積の合計

（権利を有する採草放牧地の面積＋権利を取得しようとする採草放牧地の面積）＝　　　　　　（㎡）

5－2　権利を取得しようとする者又はその世帯員等の権利取得後における経営面積の状況（特例）

以下のいずれかに該当する場合は、5－1を記載することに代えて該当するものに印を付してください。

□　権利の取得後における耕作の事業は、草花等の栽培でその経営が集約的に行われるものである。

□　権利を取得しようとする者が、農業委員会のあっせんに基づく農地又は採草放牧地の交換によりその権利を取得しようとするものであり、かつ、その交換の相手方の耕作の事業に供すべき農地の面積の合計又は耕作若しくは養畜の事業に供すべき採草放牧地の面積の合計が、その交換による権利の移転の結果所要の面積を下ることとならない。
（「所要の面積とは、北海道で2ha、都府県で50aです。ただし、農業委員会が別に定めた面積がある場合は当該面積です。）

□　本件権利の設定又は移転は、その位置、面積、形状等からみてこれに隣接する農地又は採草放牧地と一体として利用しなければ利用することが困難と認められる農地又は採草放牧地につき、当該隣接する農地又は採草放牧地を現に耕作又は養畜の事業に供している者が権利を取得するものである。

＜農地法第3条第2項第6号関係＞

6　農地又は採草放牧地につき所有権以外の権原に基づいて耕作又は養畜の事業を行う者（賃借人等）が、その土地を貸し付け、又は質入れしようとする場合には、以下のうち該当するものに印を付してください。

□　賃借人等又はその世帯員等の死亡等によりその土地について耕作、採草又は家畜の放牧をすることができないため一時貸し付けようとする場合である。

□　賃借人等がその土地をその世帯員等に貸し付けようとする場合である。

□　その土地を水田裏作（田において稲を通常栽培する期間以外の期間稲以外の作物を栽培すること。）の目的に供するため貸し付けようとする場合である。
（表作の作付内容＝　　　　　　　、裏作の作付内容＝　　　　　　　）

□　農地所有適格法人の常時従事者たる構成員がその土地をその法人に貸し付けようとする場合である。

<農地法第３条第２項第７号関係>

7　周辺地域との関係

　権利を取得しようとする者又はその世帯員等の権利取得後における耕作又は養畜の事業が、権利を設定し、又は移転しようとする農地又は採草放牧地の周辺の農地又は採草放牧地の農業上の利用に及ぼすことが見込まれる影響を以下に記載してください。

（例えば、集落営農や経営体への集積等の取組への支障、農薬の使用方法の違いによる耕作又は養畜の事業への支障等について記載してください。）

Ⅱ　使用貸借又は賃貸借に限る申請での追加記載事項

　権利を取得しようとする者が、農地所有適格法人以外の法人である場合、又は、その者又はその世帯員等が農作業に常時従事しない場合には、Ⅰの記載事項に加え、以下も記載してください。

（留意事項）

　農地法第３条第３項第１号に規定する条件その他適正な利用を確保するための条件が記載されている契約書の写しを添付してください。また、当該契約書には、「賃貸借契約が終了したときは、乙は、その終了の日から〇〇日以内に、甲に対して目的物を原状に復して返還する。乙が原状に復することができないときは、乙は甲に対し、甲が原状に復するために要する費用及び甲に与えた損失に相当する金額を支払う。」、「甲の責めに帰さない事由により賃貸借契約を終了させることとなった場合には、乙は、甲に対し賃借料の〇年分に相当する金額を違約金として支払う。」等を明記することが適当です。

<農地法第３条第３項第２号関係>

8　地域との役割分担の状況

　地域の農業における他の農業者との役割分担について、具体的にどのような場面でどのような役割分担を担う計画であるかを以下に記載してください。

（例えば、農業の維持発展に関する話合い活動への参加、農道、水路、ため池等の共同利用施設の取決めの遵守、獣害被害対策への協力等について記載してください。）

<農地法第３条第３項第３号関係>
（権利を取得しようとする者が法人である場合のみ記載してください。）

9　その法人の業務を執行する役員のうち、その法人の行う耕作又は養畜の事業に常時従事する者の氏名及び役職名並びにその法人の行う耕作又は養畜の事業への従事状況

(1) 氏名
(2) 役職名
(3) その者の耕作又は養畜の事業への従事状況
　その法人が耕作又は養畜の事業（労務管理や市場開拓等も含む。）を行う期間：年　　か月
　そのうちその者が当該事業に参画・関与している期間：年　　か月（直近の実績）
　年　　か月（見込み）

Ⅲ　特殊事由により申請する場合の記載事項

10　以下のいずれかに該当する場合は、該当するものに印を付し、Ⅰの記載事項のうち指定の事項を記載するとともに、それぞれの事業・計画の内容を「事業・計画の内容」欄に記載してください。

(1) 以下の場合は、Ⅰの記載事項全ての記載が不要です。

□　その取得しようとする権利が地上権(民法（明治29年法律第89号）第269条の２第１項の地上権)又はこれと内容を同じくするその他の権利である場合
(事業・計画の内容に加えて、周辺の土地、作物、家畜等の被害の防除施設の概要と関係権利者との調整の状況を「事業・計画の内容」欄に記載してください。)

□　農業協同組合法（昭和22年法律第132号）第10条第２項に規定する事業を行う農業協同組合若しくは農業協同組合連合会が、同項の委託を受けることにより農地又は採草放牧地の権利を取得しようとする場合、又は、農業協同組合若しくは農業協同組合連合会が、同法第11条の31第１項第１号に掲げる場合において使用貸借による権利若しくは賃借権を取得しようとする場合

□　権利を取得しようとする者が景観整備機構である場合
（景観法平成16年法律第110号）第56条第２項の規定により市町村長の指定を受けたことを証する書面を添付してください。）

(2) 以下の場合は、Ⅰの１－２(効率要件)、２(農地所有適格法人要件)、５(下限面積要件)以外の記載事項を記載してください。

□　権利を取得しようとする者が法人であって、その権利を取得しようとする農地又は採草放牧地における耕作又は養畜の事業がその法人の主たる業務の運営に欠くことのできない試験研究又は農事指導のために行われると認められる場合

□　地方公共団体（都道府県を除く。）がその権利を取得しようとする農地又は採草放牧地を公用又は公共用に供すると認められる場合

□　教育、医療又は社会福祉事業を行うことを目的として設立された学校法人、医療法人、社会福祉法人その他の営利を目的としない法人が、その権利を取得しようとする農地又は採草放牧地を当該目的に係る業務の運営に必要な施設の用に供すると認められる場合

□　独立行政法人農林水産消費安全技術センター、独立行政法人種苗管理センター又は独立行政法人家畜改良センターがその権利を取得しようとする農地又は採草放牧地をその業務の運営に必要な施設の用に供すると認められる場合

(3) 以下の場合は、Ｉの２(農地所有適格法人要件)、５(下限面積要件)以外の記載事項を記載してください。

□　農業協同組合、農業協同組合連合会又は農事組合法人（農業の経営の事業を行うものを除く。）がその権利を取得しようとする農地又は採草放牧地を稚蚕共同飼育の用に供する桑園その他これらの法人の直接又は間接の構成員の行う農業に必要な施設の用に供すると認められる場合

□　森林組合、生産森林組合又は森林組合連合会がその権利を取得しようとする農地又は採草放牧地をその行う森林の経営又はこれらの法人の直接若しくは間接の構成員の行う森林の経営に必要な樹苗の採取又は育成の用に供すると認められる場合

□　乳牛又は肉用牛の飼養の合理化を図るため、その飼養の事業を行う者に対してその飼養の対象となる乳牛若しくは肉用牛を育成して供給し、又はその飼養の事業を行う者の委託を受けてその飼養の対象となる乳牛若しくは肉用牛を育成する事業を行う一般社団法人又は一般財団法人が、その権利を取得しようとする農地又は採草放牧地を当該事業の運営に必要な施設の用に供すると認められる場合

（留意事項）

上述の一般社団法人又は一般財団法人は、以下のいずれかに該当するものに限ります。該当していることを証する書面を添付してください。

・　その行う事業が上述の事業及びこれに附帯する事業に限られている一般社団法人で、農業協同組合、農業協同組合連合会、地方公共団体その他農林水産大臣が指定した者の有する議決権の数の合計が議決権の総数の４分の３以上を占めるもの
・　地方公共団体の有する議決権の数が議決権の総数の過半を占める一般社団法人又は地方公共団体の拠出した基本財産の額が基本財産の総額の過半を占める一般財団法人

□　東日本高速道路株式会社、中日本高速道路株式会社又は西日本高速道路株式会社がその権利を取得しようとする農地又は採草放牧地をその事業に必要な樹苗の育成の用に供すると認められる場合

（事業・計画の内容）

農地所有適格法人としての事業等の状況（別紙）

＜農地法第２条第３項第１号関係＞

１－１　事業の種類

区分	農業		左記農業に該当しない事業の内容
	生産する農畜産物	関連事業等の内容	
現在(実績又は見込み)			
権利取得後(予定)			

１－２　売上高

年度	農業	左記農業に該当しない事業
３年前(実績)		
２年前(実績)		
１年前(実績)		
申請日の属する年 (実績又は見込み)		
２年目(見込み)		
３年目(見込み)		

＜農地法第２条第３項第２号関係＞

２　構成員全ての状況

(1) 農業関係者（権利提供者、常時従事者、農作業委託者、農地中間管理機構、地方公共団体、農業協同組合、投資円滑化法に基づく承認会社等）

<table>
<tr><th rowspan="3">氏名又は名称</th><th rowspan="3">議決権の数</th><th colspan="5">構成員が個人の場合は以下のいずれかの状況</th></tr>
<tr><th colspan="2">農地等の提供面積(㎡)</th><th colspan="2">農業への年間従事日数</th><th rowspan="2">農作業委託の内容</th></tr>
<tr><th>権利の種類</th><th>面積</th><th>直近実績</th><th>見込み</th></tr>
<tr><td></td><td></td><td></td><td></td><td></td><td></td><td></td></tr>
</table>

議決権の数の合計	
農業関係者の議決権の割合	

その法人の行う農業に必要な年間総労働日数：　　日

(2) 農業関係者以外の者（(1)以外の者）

氏名又は名称	議決権の数

議決権の数の合計	
農業関係者以外の者の議決権の割合	

（留意事項）

構成員であることを証する書面として、組合員名簿又は株主名簿の写しを添付してください。

なお、農業法人に対する投資の円滑化に関する特別措置法（平成14年法律第52号）第５条に規定する承認会社を構成員とする農地所有適格法人である場合には、「その構成員が承認会社であることを証する書面」及び「その構成員の株主名簿の写し」を添付してください。

<農地法第２条第３項第３号及び第４号関係>

3　理事、取締役又は業務を執行する社員全ての農業への従事状況

氏名	住所	役職	農業への年間従事日数		必要な農作業への年間従事日数	
			直近実績	見込み	直近実績	見込み

4　重要な使用人の農業への従事状況

氏名	住所	役職	農業への年間従事日数		必要な農作業への年間従事日数	
			直近実績	見込み	直近実績	見込み

（４については、３の理事等のうち、法人の農業に常時従事する者（原則年間150日以上）であって、かつ、必要な農作業に農地法施行規則第８条に規定する日数（原則年間60日）以上従事する者がいない場合にのみ記載してください。）

（記載要領）

1　「農業」には、以下に掲げる「関連事業等」を含み、また、農作業のほか、労務管理や市場開拓等も含みます。

(1) その法人が行う農業に関連する次に掲げる事業

ア　農畜産物を原料又は材料として使用する製造又は加工

イ　農畜産物若しくは林産物を変換して得られる電気又は農畜産物若しくは林産物を熱源とする熱の供給

ウ　農畜産物の貯蔵、運搬又は販売

エ　農業生産に必要な資材の製造

オ　農作業の受託

カ　農村滞在型余暇活動に利用される施設の設置及び運営並びに農村滞在型余暇活動を行う者を宿泊させること等農村滞在型余暇活動に必要な役務の提供

キ　農地に支柱を立てて設置する太陽光を電気に変換する設備の下で耕作を行う場合における当該設備による電気の供給

(2) 農業と併せ行う林業
(3) 農事組合法人が行う共同利用施設の設置又は農作業の共同化に関する事業

2　「1－1事業の種類」の「生産する農畜産物」欄には、法人の生産する農畜産物のうち、粗収益の50%を超えると認められるものの名称を記載してください。なお、いずれの農畜産物の粗収益も50%を超えない場合には、粗収益の多いものから順に3つの農畜産物の名称を記載してください。

3　「1－2売上高」の「農業」欄には、法人の行う耕作又は養畜の事業及び関連事業等の売上高の合計を記載し、それ以外の事業の売上高については、「左記農業に該当しない事業」欄に記載してください。
「1年前」から「3年前」の各欄には、その法人の決算が確定している事業年度の売上高の許可申請前3事業年度分をそれぞれ記載し（実績のない場合は空欄）、「申請日の属する年」から「3年目」の各欄には、権利を取得しようとする農地等を耕作又は養畜の事業に供することとなる日を含む事業年度を初年度とする3事業年度分の売上高の見込みをそれぞれ記載してください。

4　「2(1)農業関係者」には、農業法人に対する投資の円滑化に関する特別措置法第5条に規定する承認会社が法人の構成員に含まれる場合には、その承認会社の株主の氏名又は名称及び株主ごとの議決権の数を記載してください。
複数の承認会社が構成員となっている法人にあっては、承認会社ごとに区分して株主の状況を記載してください。

5　農地中間管理機構を通じて法人に農地等を提供している者が法人の構成員となっている場合、「2(1)農業関係者」の「農地等の提供面積（㎡）」の「面積」欄には、その構成員が農地中間管理機構に使用貸借による権利又は賃借権を設定している農地等のうち、当該農地中間管理機構が当該法人に使用貸借による権利又は賃借権を設定している農地等の面積を記載してください。

第2―2（様式）

様式例第５号の１

農地所有適格法人報告書

年　月　日

農業委員会会長　殿

主たる事務所の所在地
名称及び代表者氏名

下記のとおり農地法第６条第１項の規定に基づき報告します。

記

1　法人の概要

法人の名称及び代表者の氏名		
主たる事務所の所在地		
経営面積（ha）	田	
	畑	
	採草放牧地	
法人形態		

2　農地法第２条第３項第１号関係

(1) 事業の種類

農　業		左記農業に該当しない事業の内容
生産する農畜産物	関連事業等の内容	

(2) 売上高

年度	農業	左記農業に該当しない事業
３年前（実績）		
２年前（実績）		
１年前（実績）		
報告日の属する年（実績又は見込み）		

3　農地法第２条第３項第２号関係

構成員全ての状況

(1)　農業関係者(権利提供者、常時従事者、農作業委託者、農地中間管理機構、地方公共団体、農業協同組合、投資円滑化法に基づく承認会社等)

氏名又は名称	議決権の数	構成員が個人の場合は以下のいずれかの状況				
		農地等の提供面積(㎡)		農業への年間従事日数		農作業委託の内容
		権利の種類	面積	直近実績	見込み	

議決権の数の合計	
農業関係者の議決権の割合	

その法人の行う農業に必要な年間総労働日数：　　日

(2)　農業関係者以外の者（(1)以外の者）

氏名又は名称	議決権の数

議決権の数の合計	
農業関係者以外の者の議決権の割合	

(留意事項)

構成員であることを証する書面として、組合員名簿又は株主名簿の写しを添付してください。

なお、農業法人に対する投資の円滑化に関する特別措置法（平成14年法律第52号）第５条に規定する承認会社を構成員とする農地所有適格法人である場合には、「その構成員が承認会社であることを証する書面」及び「その構成員の株主名簿の写し」を添付してください。

4　農地法第２条第３項第３号及び第４号関係

（1）理事、取締役又は業務を執行する社員全ての農業への従事状況

氏名	住所	役職	農業への年間従事日数		必要な農作業への年間従事日数	
			直近実績	見込み	直近実績	見込み

（2）重要な使用人の農業への従事状況

氏名	住所	役職	農業への年間従事日数		必要な農作業への年間従事日数	
			直近実績	見込み	直近実績	見込み

（(2)については、(1)の理事等のうち、法人の農業に常時従事する者（原則年間150日以上）であって、かつ、必要な農作業に農地法施行規則第８条に規定する日数（原則年間60日）以上従事する者がいない場合にのみ記載してください。）

（記載要領）

1　「農業」には、以下に掲げる「関連事業等」を含み、また、農作業のほか、労務管理や市場開拓等も含みます。

(1) その法人が行う農業に関連する次に掲げる事業

ア　農畜産物を原料又は材料として使用する製造又は加工

イ　農畜産物若しくは林産物を変換して得られる電気又は農畜産物若しくは林産物を熱源とする熱の供給

ウ　農畜産物の貯蔵、運搬又は販売

エ　農業生産に必要な資材の製造

オ　農作業の受託

カ　農村滞在型余暇活動に利用される施設の設置及び運営並びに農村滞在型余暇活動を行う者を宿泊させること等農村滞在型余暇活動に必要な役務の提供

キ　農地に支柱を立てて設置する太陽光を電気に変換する設備の下で耕作を行う場合における当該設備による電気の供給

(2) 農業と併せ行う林業

(3) 農事組合法人が行う共同利用施設の設置又は農作業の共同化に関する事業

2　「2(1)事業の種類」の「生産する農畜産物」欄には、法人の生産する農畜産物のうち、粗収益の50%を超えると認められるものの名称を記載してください。なお、いずれの農畜産物の粗収益も50%を超えない場合には、粗収益の多いものから順に３つの農畜産物の名称を記載してください。

3　「2(2)売上高」の「農業」欄には、法人の行う耕作又は養畜の事業及び関連事業等の売上高の合計を記載し、それ以外の事業の売上高については、「左記農業に該当しないの事業」欄に記載してください。

4　「3(1)農業関係者」には、農業法人に対する投資の円滑化に関する特別措置法第５条に規定する承認会社が法人の構成員に含まれる場合には、その承認会社の株主の氏名又は名称及び株主ごとの議決権の数を記載してください。

ここで、複数の承認会社が構成員となっている法人にあっては、承認会社ごとに区分して株主の状況を記載してください。

5　農地中間管理機構を通じて法人に農地等を提供している者が法人の構成員となっている場合、「3(1)農業関係者」の「農地等の提供面積（㎡）」の「面積」欄には、その構成員が農地中間管理機構に使用貸借による権利又は賃借権を設定している農地等のうち、当該農地中間管理機構が当該法人に使用貸借による権利又は賃借権を設定している農地等の面積を記載してください。

第２―３（様式）

様式例第１号の７

農地等の利用状況報告書

年　　月　　日

農業委員会会長　殿

住所
氏名

｛農地法第３条第３項の規定により同条第１項の許可を受けて使用貸借による権利又は賃借権
農業経営基盤強化促進法第19条の規定による公告があった農用地利用集積計画の定めるとこ
農地中間管理事業の推進に関する法律第18条第７項の規定による公告があった農用地利用配

の設定を受けた
ろにより賃借権又は使用貸借による権利の設定を受けた
分計画の定めるところにより賃借権又は使用貸借による権利の設定又は移転を受けた｝農地

（採草放牧地）について、農地法第６条の２第１項の規定に基づき、下記のとおり報告します。

記

１｛農地法第３条第３項の規定により同条第１項の許可を受けた者
農業経営基盤強化促進法第18条第２項第６号に規定する者
農地中間管理事業の推進に関する法律第18条第５項第４号に規定する者｝の氏名等

氏名	住所

２　報告に係る土地の所在等

所在・地番	地目		面積（㎡）	作物の種類別作付面積（又は栽培面積）	生産数量	反収	備考
	登記簿	現況					

３｛農地法第３条第３項の規定により同条第１項の許可を受けて使用貸借による権利又は賃借権
農業経営基盤強化促進法第19条の規定による公告があった農用地利用集積計画の定めるとこ
農地中間管理事業の推進に関する法律第18条第７項の規定による公告があった農用地利用配

の設定を受けた
ろにより賃借権又は使用貸借による権利の設定を受けた　　農地
分計画の定めるところにより賃借権又は使用貸借による権利の設定又は移転を受けた

又は採草放牧地の周辺の農地又は採草放牧地の農業上の利用に及ぼしている影響

4　地域の農業における他の農業者との役割分担の状況

5　業務執行役員又は重要な使用人の状況

氏　名	常時従事者の役職名	耕作又は養畜の事業の年間従事日数

6　その他参考となるべき事項

（記載要領）
1　不要の文字は抹消してください。
2　報告書を提出する者が法人である場合は、住所は主たる事務所の所在地を、氏名は法人の名称及び代表者の氏名をそれぞれ記載し、定款又は寄附行為の写しを添付してください。
3　記の2の「報告に係る土地の所在等」の備考欄には、登記簿上の所有名義人と現在の所有者が異なるときに登記簿上の所有者を記載してください。
4　記の3の「農地法第3条第3項の規定の適用を受けて同条第1項の許可を受けた農地又は採草放牧地の周辺の農地又は採草放牧地の農業上の利用に及ぼしている影響」には、例えば、病虫害の温床となっている雑草の刈取りをせず、周辺の作物に著しい被害を与えていないか等を記載してください。
5　記の4の「地域の農業における他の農業者との役割分担の状況」には、例えば、農業の維持発展に関する話し合い活動への参加、道路、水路、ため池等の共同利用施設の取決めの遵守、獣害被害対策への協力等の取り組み状況（今後取り組む場合はその見込み）について記載してください。
6　記の5の「業務執行役員又は重要な使用人の状況」については、報告書を提出する者が個人である場合は記載不要です。「耕作又は養畜の事業の年間従事日数」欄には、当該事業年度において法人の行う耕作又は養畜の事業に常時従事した業務執行役員（耕作又は養畜の事業に常時従事した業務執行役員がいない場合には、重要な使用人）の耕作又は養畜の事業への年間従事日数を記載してください。
　なお、「重要な使用人」とは、その法人の使用人であって、当該法人の行う耕作又は養畜の事業に関する権限及び責任を有する者をいいます。

第７—１（参考） 農業モデル就業規則と解説

以下に掲載する就業規則は、農業に関する就業規則のモデル（参考例）です。実際に規則を作成する場合には、各事業場の実情に応じた規則にしなければなりません。安易にこの規則の規定を流用することは、避けるようにしてください（リーダー線枠内は解説です）。

第１章　総則

第１条（目的）

1　この規則は、株式会社○○農産（以下、「会社」という。）の社員の労働条件、服務規律その他の就業に関する事項を定めるものである。

2　この規則に定めのない事項については、労働基準法その他の法令の定めるところによる。

第２条（規則の順守）

会社及び社員は、ともにこの規則を守り、相協力して業務の運営に当たらなければならない。

第３条（社員の定義）

この規則において社員とは、第３章の採用に関する手続きを経て会社に採用された者をいう。

第４条（適用範囲）

1　この規則は、会社の社員に適用する。

2　パートタイマー、アルバイト及び臨時雇用者については、別に定めるところによる。

解　説

第１章　総則

総則に関する諸規定については、他産業の就業規則においても、同趣旨の規定が並んでいます。

農業においては、正社員的な従業員の他に、パート的な従業員を雇用することが一般ですから、パート等の非正規的従業員の処遇を就業規則でいかに取り扱うかが一つのポイントになります。第４条第２項では、「パートタイマー等に関しては、別の規則を定める」という方法を採用しています。他に、就業規則の中にパートタイマーに関する特別規定を置くという方法もあります。どちらがベターかは一概にいえませんが、あえて基準を示せば、パートタイマー等と正社員との処遇にできる限り差をつけたくないのであれば、後者の方法（特別規定を置くに止める）の方がよいでしょう。

第２章　服務規律

第５条（服務の基本原則）

社員は、服務に当たり、次に掲げる基本原則を尊重し、実行しなければならない。

1　相互に人格を尊重し、礼儀を重んじること。

2　時間を厳守し、業務の迅速・確実な処理に努めること。

3　仕事の能率と質の向上をめざし、常に創意工夫、改善に努めること。

4　会社の建物、設備、備品を大切に扱うとともに、材料、動力、燃料、その他消耗品等の無駄使いをしないこと。

5　業務の正常な運営を図るため、会社の指示・命令を守り、誠実に職責を遂行するとともに職場の秩序の保持に努めること。

第６条（服務の心得）

社員は、職場の秩序を保持するため、次の事項を守らなければならない。

1　会社の名誉・信用を傷つける行為をしないこと。
2　会社、取引先等の機密を漏らさないこと。
3　勤務時間中に、みだりに職場を離れないこと。やむを得ず職場を離れる場合は、その理由を述べて責任者の許可を得ること。
4　酒気を帯びて就業しないこと。
5　許可なく職務以外の目的で会社の施設、物品などを使用しないこと。
6　職務を利用し、他より不当に金品を借用し、贈与を受けるなど、不正な行為を行わないこと。
7　許可なく他人に雇われないこと。また、自ら事業を行わないこと。
8　会社内で、許可なく政治活動又は宗教活動を行わないこと。

解　説

第２章　服務規律

本章に関しても、オーソドックスな内容の規定となっています。服務規律に関して工夫するとすれば、第６条（服務の心得）に、それぞれの職場の特色にあった規定を導入することです。農業の事業所なのですから、安全衛生に関する一般的な規定をここに入れるなどの工夫をされるといいでしょう。

第３章　人事

第１節　採用

第７条（採用）

会社は、入社を希望する者の中から、採用試験に合格し、所定の手続きを経た者を社員として採用する。

第８条（採用試験）

1　採用試験は、入社希望者に対して、次の書類の提出を求め、筆記試験及び面接選考を行い、その成績並びに社員としての適合性の順位により合格者を決める。ただし、都合により、書類の提出を一部免除し、又は筆記試験を省略することがある。
①　履歴書
②　健康診断書
③　学校卒業証明書又は見込証明書
④　その他会社が必要とする書類
2　会社は必要と認める場合は、病院を指定のうえ、改めて健康診断を求めることがある。

第９条の１（採用者提出書類）

前条の採用試験に合格し、新たに社員として採用された者は、採用後10日以内に次の書類を提出しなければならない。
①　誓約書（会社指定のもの）
②　住民票記載事項証明書
③　世帯家族届及び通勤届（会社指定のもの）
④　前職のあったものについては、年金手帳及び雇用保険被保険者証
⑤　入社年に給与所得のあった者については源泉徴収票
⑥　個人番号カード又は通知カード
⑦　その他会社が必要とする書類

第９条の２

会社は、社員から取得した個人番号を、次の事務に利用する。
①　給与・退職所得の源泉徴収票作成事務
②　雇用保険届出事務
③　健康保険・厚生年金保険届出事務

第９条の３
社員は、番号利用法に基づき、会社に個人番号の提出の求め及び本人確認に協力しなければならない。社員は個人番号の身元確認のために、運転免許証等の写真付き身分証明書等を提出しなければならない。

第10条（記載事項異動届）
社員は前条に定める提出書類の記載事項に異動が生じた場合は、遅滞なく会社に届け出なければならない。

第11条（労働条件の明示）
会社は、社員の採用に際し、この規則を提示して労働条件の説明を行い、雇用契約を締結するものとする。

第12条（試用期間）
1　新たに社員として採用された者は、入社の日より３か月間を試用期間とする。
2　会社は、前項の試用期間の途中において、あるいは終了の際、本人の知識・技能・勤務態度・健康状態等を総合し、本人が社員として不適格と認められた場合は解雇する。ただし、入社後14日を経過した者については、第44条第１項の手続きによって行う。
3　試用期間は、勤続年数に通算する。

第13条（試用期間を設けない特例）
会社は、特に認めた者については、試用期間を設けないで社員とすることがある。

第２節　異動

第14条（異動・出向）
1　会社は、社員に対して、業務の都合又は社員の健康状態により必要ある場合は、社員の就労の場所又は従事する業務を変更することがある。
2　会社は、業務の都合により社員に対し関連企業への出向を命ずることがある。この場合は、出向する社員の了解を得て行う。

解　説

第３章　人事

本章は、第１節「採用」と第２節「異動」に分かれています。一般に採用というのは、就業開始前の事項ですが、就業規則においては、就業開始後の事項も含め（例えば、試用期間）、広く採用に関連する事項を取り上げています。

第１節　採用

第７条（採用）・第８条（採用試験）は、いずれも就業開始前の事項ですが、採用の基本に関わることでもあり、この種の規定は就業規則に盛り込むのが一般です。第８条第１項第３号に「学校卒業証明書又は見込証明書」とありますが、卒業者に関しては、卒業証書の原本を提出させて内容を確認し、コピーをとった後に返却するといった方法でもよいでしょう。

第９条（採用者提出書類）に関しては、第２号の「住民票記載事項証明書」に注意してください。プライバシー保護、不当差別禁止という観点から、「戸籍謄本」や「住民票の写し」を提出書類に入れるのは避けてください。

第11条（労働条件の明示）の関連事項として、賃金などの重要な労働条件については、「書面の交付」によって明示することが労働基準法によって要求されています。この点を注意してください。

第12条（試用期間）と第13条（試用期間を設けない特例）は、試用期間に関する諸規定です。試用期間というのは、従業員としての適格性の有無を判断するという趣旨の期間であり、この期間中は、従業員としての適格性がないという事由で会社は従業員を解雇することが可能です。このような試用期間を設けるか否か、設ける場合に長さをどのくらいにするか、については、法律上の強制や基準があるわけではありません。

試用期間を制度化する場合には、その期間の長さの他、適用除外者や試用期間の延長が問題になります。適用除外者に関しては第13条に規定例がありますが、運用を一歩誤ると「不公平」のそしりを免れません。例えば、いったん退職した人が再雇用された場合など、試用期間を設けないことにつき従業員に異論が生じないと思われる場合に限って特例を認めるべきです。試用期間の延長に関しては、就業規則に規定を設ければ可能になります。当初の試用期間中に従業員としての適格性についての判断を行うのが原則ですが、判断に苦しむこともあります。そんな場合の対応策として、試用期間の延長ができる旨の規定を置くということも検討されるとよいでしょう。

第２節　異動

農業の場合は、まだまだ小規模の事業所が大半です。それでも、組織が分化すれば、人事異動という問題が生ずることになります。人事異動に関しては就業規則に根拠規定を置いていないと、トラブルがあった場合の対応が困難になります。規定例程度の簡単なものでかまいませんので、規定を設けておくべきです。

第４章　労働時間、休憩及び休日

第15条（労働時間及び休憩時間）

1　労働時間は、１週40時間、１日８時間を原則とする。

2　始業及び終業の時刻は、次のとおりとする。

始業時刻　午前８時30分

終業時刻　午後５時30分

3　休憩時間は、正午から午後１時までとし、自由に利用することができる。

4　前２項の規定にかかわらず、業務の都合その他やむを得ない事情により始業及び終業の時刻並びに休憩時間を繰り上げ又は繰り下げることがある。

第16条（休日）

1　休日は次のとおりとする。

①　日曜日及び土曜日

②　国民の祝日その他「国民の祝日に関する法律」第３条の休日

③　年末年始（12月29日から１月３日）

2　業務の都合により必要やむを得ない場合には、社員の全部又は一部について、あらかじめ前項の休日を他の日と振り替えることがある。ただし、休日は、４週間を通じて４日を下らないものとする。

第17条（時間外・休日労働）

1　業務の都合により、第15条の所定労働時間を超え、又は前条の所定休日に労働させることがある。

2　満18歳未満の者については、第１項による時間外又は休日に労働させることはない。

第18条（出退勤手続き）

社員は、出退勤に当たっては、出退勤時刻を各自のタイムカードに記録しなければならない。

第19条（遅刻、早退、欠勤等）

1　社員が遅刻・早退・欠勤又は勤務時間中に私用外出するときは、あらかじめ上司に届け出て許可を受けなければならない。ただし、やむを得ない理由で事前に許可を得ることができなかった場合には、事後速やかに届け出て承認を得るものとする。

2　傷病のため欠勤が引き続き７日以上に及ぶときは、医師の診断書を提出しなければならない。

解　説

第４章　労働時間、休憩及び休日

農業に関しては、労働基準法の「労働時間、休憩及び休日に関する諸規定」は適用がありません。しかし、農業も他の産業との競争下にあることを直視すれば、就業規則においては、労働基準法を意識して規定を設けるべきです。労働基準法の基準よりも悪い条件（例えば、１日の実労働時間を原則９時間、１週間の実労働時間を原則45時間とする）を設定したとしても違法にはなりませんが、そのような内容の就業規則に対しては、労働基準監督署から改善指導の要請があるのが一般です。

第15条第１項は、労働基準法の原則そのものです。第２項の始業・終業時刻については、各作業場の特質に応じて柔軟に対応するようにしてください。農繁期と農閑期によって、基準となる時間を変えることもできますが、この場合には、年間でみた１週間当たりの平均実労働時間を40時間以内に抑えるようにしてください。第３項の休憩時間については、お昼の休憩のみを規定していますが、午後の小休憩（15分程度）を設ける場合には、それについても規定すべきでしょう。第４項のような柔軟な取り扱いを認める規定は、農業では必要不可欠といえます。

第16条第１項の休日の基準については、一般の企業にならい、完全週休２日制を採用しています。この基準では苦しいという場合は、年間でみた１週間当たりの平均休日日数を２日とすることで調整を図ってください。

第17条（時間外・休日労働）については、一般の企業ですと労使協定の締結・届出が必要ですが、農業の場合は、そのような手続きは不要です。ただし、時間外･休日労働がありうるということについては、規定で明確にしておいてください。

第18条（出退勤手続き）について、タイムカードの使用は法律上の要請ではありません。出勤簿へのサイン等他の方法でもかまいません。

第５章　休暇等

第20条（年次有給休暇）

1　社員の年次有給休暇については、次の基準による。

①　６か月間継続勤務し、総就労日の８割以上出勤した者に対しては、10労働日の有給休暇を与える。

②　１年６か月以上継続勤務した社員に対しては、６か月を超えて継続勤務した日から起算した継続勤務年数１年（当該社員が総就労日の８割以上出勤した１年に限る。）ごとに、前号の日数に１労働日（３年６か月以降は２労働日）を加算した有給休暇を付与する。ただし、１年度に与える休暇日数は、20日をもって限度とする。

2　社員は、年次有給休暇を取得しようとするときは、あらかじめ期日を指定して届け出て、会社の確認を得るものとする。ただし、会社は、事業の正常な運営に支障があるときは、社員の指定した期日の変更を命ずることがある。

3　前項の規定にかかわらず、社員の過半数を代表する者との書面協定により、各社員の有する年次有給休暇のうち５日を超える日数について、あらかじめ期日を指定して与えることがある。

4　当該年度の年次有給休暇の全部又は一部を取得しなかった場合には、その残日数は翌年度に限り繰り越すことができる。

10日以上の有給休暇を与えられた社員に対しては、付与日から１年以内に有する有給休暇のうち５日について、会社が意見を聴取し尊重した上で、あらかじめ時期を指定して取得させる。ただし、社員が第２項又は第３項による有給休暇を取得した場合はその日数を５日から控除するものとする。

第21条（産前産後の休業）

1　６週間（多胎妊娠の場合は14週間）以内に出産する予定の女性社員は、その請求によって休業することができる。

2　産後８週間を経過しない女性社員は就業させない。ただし、産後６週間を経過した女性社員から請求があった場合には、医師が支障ないと認めた業務に就かせることがある。

第22条（育児時間等）

1　生後１年未満の生児を育てる女性社員から請求があったときは、休憩時間のほか１日について２回、１回について30分の育児時間を与える。

2　生理日の就業が著しく困難な女性社員から請求があったときは必要な期間休暇を与える。

第23条（育児休業・看護休暇）

1　１歳未満（一定の事情がある場合は１歳６か月又は２歳未満）の子を養育する社員は、「育児休業、介護休業等育児又は家族介護を行う労働者の福祉に関する法律」の定めるところにより､休業することができる。

2　３歳未満の子を養育する社員であって育児休業を取得しない者については、請求により、１日の労働時間を短縮することができる。ただし、短縮する時間は１日につき２時間を限度とし、その時間については無給とする。

3　育児休業を取得しようとする社員は、遅くとも１か月前までに上司に届け出なければならない。

4　育児休業の期間中は無給とし、勤続年数に算入しない。ただし、年次有給休暇の発生要件である出勤率を計算する場合には、出勤したものとして取り扱う。

5　小学校就学前の子を養育する社員は、１年度において子が１人の場合は５日、２人以上の場合は10日を限度として、子の看護のための休暇を取得することができる。ただし、その期間は無給とする。

第24条（介護休業・介護休暇）

1　要介護状態にある家族を介護する社員は、「育児休業、介護休業等育児又は家族介護を行う労働者の福祉に関する法律」の定めるところにより、休業することができる。

2　要介護状態にある家族を介護する社員であって、介護休業を取得しない者については、請求により１日の労働時間を短縮することができる。ただし、短縮する時間は１日について２時間を限度とし、その時間については無給とする。

3　介護休業を取得しようとする社員は、遅くとも２週間前までに上司に届け出なければならない。

4　介護休業の期間中は無給とし、勤続年数に算入しない。ただし、年次有給休暇の出勤率を計算する場合には、出勤したものとして取り扱う。

5　要介護状態にある家族を介護する社員は、１年度において当該家族が１人の場合は５日、２人以上の場合は10日を限度として、家族の世話をするための休暇を取得することができる。ただし、その期間は無給とする。

第25条（慶弔休暇）

社員が次の事由により休暇を申請したときは、次の日数を限度として、慶弔休暇を与える。

①　本人が結婚したとき。７日

②　本人の子が結婚したとき。３日

③　妻が出産したとき。１日

④　父母、配偶者又は子が死亡したとき。７日

⑤　兄弟姉妹、祖父母又は配偶者の父母が死亡したとき。３日

⑥　孫又は配偶者の祖父母若しくは兄弟姉妹が死亡したとき。２日

第26条（休職）

1　社員が次のいずれかに該当したときは、次の期間休職とする。

①　業務外の傷病又は事故による欠勤が引き続き２か月を超えたとき。２か月

②　その他会社が必要があると認めたとき。必要な期間

2　休職期間中に休職事由が消滅したときは、従前の職務に復帰させる。ただし、従前の職務に復帰させることが困難であるか、又は不適当な場合には、他の職務に就かせることがある。

3　休職期間中の給与は、支給しない。

第27条（出張）

1　業務の都合により、社員に対し出張を命ずることがある。

2　社員は出張から帰ったとき、出張の用務について、直ちにその経過及び結果を上司に報告しなければならない。

3　出張期間中の労働時間の算定が困難な場合は、特に指定しない限り通常の労働時間勤務したものとする。

4　社員は、別に定める旅費規程に従い、出張に要した旅費を請求することができる。

解　説

第５章　休暇等

休暇とか休業に関する労働基準法の諸規定は、農業にも適用があります。第20条（年次有給休暇）から第24条（介護休業・介護休暇）までは、労働基準法等の諸法規の内容をふまえたものです。これに対し、第25条（慶弔休暇）以下の諸規定は、労働基準法等に直接規定されていない制度に関するものです。

第20条第１項は、労働基準法の基準そのものです。この規定からもわかるように、雇い入れから６か月未満の従業員に対しては、年次有給休暇を与える必要はありません。無論、労働基準法というのは、労働条件に関する最低基準を明らかにする法律ですから、就業規則で雇い入れ後６か月未満の従業員に対しても年次有給休暇を付与できる旨定めることは、一向にさしつかえありません。

第２項は、年次有給休暇を取得することは従業員の基本的な権利であって、原則として、従業員が指定した期日に年休をとって休むことができるという趣旨です。例外的に、従業員が指定した期日に年休をとることを拒絶することができるのは、事業の正常な運営に支障が生ずる場合に限定されます。本項に書かれている事項も労基法上の要請ですので、就業規則によって規制を緩めることはできません。

第３項は、年次有給休暇を計画的に取得することを認める制度で、労基法の規定に基づくものです。農業の場合は、農閑期にこのような計画休暇を導入するとよいでしょう。

第４項は、未消化の年休の繰越しに関する規定です。労基法上の請求権は２年で時効消滅しますので、このような規定を置くのが通例です。

第21条（産前産後の休業）、第22条（育児時間等）については、労働基準法の内容を確認する趣旨の規定です。

第23条の育児休業・看護休暇については、法律でその制度化が義務付けられています。第２項は、育児休業を取得しない従業員の育児をバックアップするための措置であり、法律により、これに類する制度を設けることも義務付けられています。第４項のただし書きについては、労働基準法上の要請であり、これと異なる趣旨の規定を設けることはできません。また、平成11年度からは、介護休業の制度化が義務付けられましたので、就業規則にも第24条のような介護休業に関する規定を設ける必要があります。

第25条（慶弔休暇）、第26条（休職）は、特に法律上の要請があるわけではないのですが、就業規則で制度化されるのが通例です。休暇や休職の内容について、よりふさわしいやり方があれば、それを採用してかまいません。

第27条（出張）に関しても、就業規則に規定を置くのが一般的です。ただ、出張旅費に関しては、第４項のような規定を置いて、具体的な基準は別の規程に委ねるのが通例です。

第６章　賃金

第28条（賃金の構成）

賃金は基本給、通勤手当て、時間外勤務手当て、休日勤務手当て及び深夜勤務手当てによって構成する。

第29条（基本給）

基本給は、社員の生活の基礎を保障するという見地、及び、社員の勤務成績、特段の技能・専門性、発揮された職務遂行能力等を総合的に勘案して、各人ごとに会社が決定する。

第30条（通勤手当て）

通勤手当ては、月額50,000円を限度として通勤に要する実費を支給する。

第31条（時間外勤務手当て）

時間外勤務手当ては、次の算式により支給する。

基本給÷月平均所定労働時間数×1.25×時間外勤務の時間数

第32条（休日勤務手当て）

休日勤務手当ては、次の算式により支給する。

基本給÷月平均所定労働時間数×1.35×休日勤務の時間数

第33条（深夜勤務手当て）

深夜勤務手当ては、次の算式により支給する。

基本給÷月平均所定労働時間数×0.25×深夜勤務の時間数

第34条（休暇等の賃金）

1　年次有給休暇を取得したときは、所定労働時間労働したときに支払われる通常の賃金を支給する。

2　慶弔休暇を取得した場合は、所定労働時間労働したときに支払われる通常の賃金を支給する。

3　育児時間を取得した場合は、無給とする。

4　生理日の休暇を取得した場合は、無給とする。

5　産前産後の女性が休業する期間及び休職中の期間は無給とする。

6　育児休業・介護休業を取得した期間は無給とする。

第35条（欠勤等の扱い）

欠勤、遅刻、早退及び私用外出の時間については、1時間当たりの賃金額に当該時間の合計を乗じて得た額を当月分賃金から減額する。

第36条（賃金の計算期間及び支払日）

1　賃金は、毎月末日に締切り、翌月15日に支払う。ただし、支払日が休日に当たるときは、その前日を支払日とする。

2　計算期間の中途で入社又は退職した場合の賃金は、当該計算期間の所定労働日数を基準に日割計算して支払う。

第37条（賃金の支払方法）

賃金は、社員に対し、通貨又は口座振り込みによりその全額を支払う。ただし、次に掲げるものは、賃金から控除するものとする。

①　源泉所得税

②　住民税

③　健康保険料及び厚生年金保険料

④　雇用保険料

⑤　社員の過半数を代表する者との書面協定により賃金から控除することとしたもの。

第38条（昇給）

昇給は、毎年4月1日付けで行うものとする。ただし、会社業績の著しい低下その他やむを得ない事由がある場合には、昇給の時期を変更し、又は昇給を行わないことがある。

第39条（賞与）

1　賞与は、毎年2回、支給日に在籍している社員（考課基準日に本採用されていない者は除く。）に対して支給する。ただし、会社業績の著しい低下その他やむを得ない事由がある場合には支給しないことがある。

2　前項の賞与の額は、社員の勤務成績等を考慮して各人ごとに決定する。

解　説

第6章　賃金

賃金に関しては、別途「賃金規則」という別規則を定めることも少なくありません。ただ、農業の事業所の場合は従業員数も比較的少なく、賃金体系も確立していないのが一般だと思われますから、あえて別規則にする必要はないでしょう。

第28条（賃金の構成）では、賃金の項目が列挙されています。このような賃金の項目をどうするかについては、特に法律的な規制はありません。住宅手当て、家族手当てなどの諸手当てを支給する企業もありますが、その場合には賃金規則に明記しなければなりません。

第29条の基本給に関しては、企業規模が大きくなれば等級制の適用などを検討すべきでしょうが、小規模の段階では規定例のような一般的な基準で足りると思われます。

第30条の通勤手当ての上限については、特に法律上の基準があるわけではありませんが、月額５万円程度とすることが多いようです。

第31条（時間外勤務手当て）と第32条（休日勤務手当て）に関しては、一般の事業ですと規定例のような割増賃金の支払いが法律上義務付けられていますが、農業の場合は割増賃金の支払い義務はありません。しかし、他産業とのバランスという点からみると、割増賃金を支払う方がベターです。

第33条の深夜勤務手当てに関しては、労働基準法上の要請を確認する趣旨の規定となっています。

第34条第１項・第２項の「所定労働時間労働したときに支払われる通常の賃金」というのは、賃金計算上は定時に出勤して、定時に帰宅したとして取り扱うという趣旨です。第３項から第６項に関する事項については、規定例のように無給とするのが一般的です。

第35条の取り扱いとは逆に、欠勤等については賃金からの控除を行わないという方法もあります。ただ、中小企業においては本条のような取り扱いが一般的です。

第36条第１項は、賃金の締切日と支払日を規定しています。労働基準法により、賃金の支払いは、毎月１回以上、定期に行わなければなりません。賃金の締切日から支給日までの期間は、規定例のようにある程度の余裕を保たせるべきです。

第37条の賃金の支払い方法に関しては、金融機関の口座への振り込みが一般化していますが、労働基準法の原則は通貨（現金）払いですから、従業員本人の同意なしに口座振り込みを行うことはできません。

第38条の昇給とか第39条の賞与に関しては規定を設けるのが通例ですが、規定例のように例外的なケースをも意識した制度とするのがよいでしょう。

第７章　定年、退職及び解雇

第40条（定年）

社員の定年は65歳とし、定年年齢に達した後の給与締切日を退職日とする。

第41条（退職）

社員が、つぎの各号の一に該当した場合は退職とし、社員としての身分を失う。

① 死亡したとき。
② 本人から退職の申し出があり、所定の手続きを完了した時。
③ 前条の定年に達したとき。
④ 期間を定める雇用が満了したとき。
⑤ 第26条第１項の休職期間が満了しても復職しないとき。
⑥ 第43条により解雇されたとき。
⑦ 第55条第２項により懲戒解雇されたとき。

第42条（自己都合退職の手続き）

1　社員が、自己の都合で退職しようとする場合は、できる限り１か月以前に退職願を提出し、引き継ぎその他の業務に支障をきたさないようにしなければならない。ただし、やむを得ない事由により１か月前に退職願を提出できない場合は、少なくとも14日前までにこれを提出し、承認を受けなければならない。

2　前項により、退職願を提出した者は、会社の承認があるまで従前の業務に従事しなければならない。

第43条（解雇）

会社は、社員が次の各号の一に該当する場合は解雇する。

① 精神又は身体の障害により業務に耐えられないとき。
② 勤怠不良で改善の見込みがないと認められるとき。
③ 職務遂行能力又は能率が著しく劣り、上達の見込みがないとき。
④ やむを得ない事業上の都合により解雇の必要を生じたとき。

⑤　天災地変その他やむを得ない事由のため事業の継続が不可能になったとき。
⑥　第12条の試用期間中の者について、社員として不適格と認められるとき。
⑦　その他前各号に準ずる事由が生じたとき。

第44条（解雇予告及び解雇予告手当て）

1　会社は、前条により社員を解雇する場合は、少なくとも30日前に予告するか、30日分の平均賃金を解雇手当てとして支給する。ただし、予告日数は平均賃金を支払った日数だけ短縮することができる。

2　前項の場合、次に該当する者は除く。
①　日日雇用する者
②　２か月以内の期間を定めて雇用する者
③　第12条の試用期間中で入社後14日以内の者

第45条（退職後の責務）

1　退職し又は解雇された者は、その在職中に行った自己の責務に属すべき職務に対する責任は免れない。

2　退職し又は解雇された者は、在職中に知り得た機密を他に洩らしてはならない。

解　説

第７章　定年、退職及び解雇

本章では、広く退職に関する事項を取り扱っています。このうち、第41条（退職）と第45条（退職後の責務）は、退職全般に関する規定といえます。

第40条のように定年年齢を定めるのが一般的ですが（強制されているわけではありません）、定年年齢を定める場合には、60歳以上としなければなりません。なお、定年年齢を65歳未満とした場合には、65歳までの高齢者雇用確保措置（希望者に再雇用などを認める制度）が必要となります。

第43条の解雇に関しては、「解雇は、客観的に合理的な理由を欠き、社会通念上相当であると認められない場合は、その権利を濫用したものとして無効とする。」という労働基準法の規定をふまえて、それを具体化する規定を置いています。

第44条（解雇予告及び解雇予告手当て）は、労働基準法の要請を確認する趣旨の規定です。これよりも従業員に不利益となるような規定を設けることは許されません。

第８章　退職金

第46条（退職金の支給）

社員が退職し、又は解雇されたときは、この章に定めるところにより退職金を支給する。ただし、勤続３年未満の者については退職金を支給しない。

第47条（退職金額）

1　退職金は、退職又は解雇時の基本給に、勤続年数に応じて定めた別表の支給率を乗じて計算した金額とする。

2　第26条第１項により休職する期間については、会社都合による場合を除き、前項の勤続年数に通算しない。

3　第55条第２項により懲戒解雇された場合は、退職金の全部又は一部を支給しないことがある。

第48条（退職金の支払時期）

退職金は、支給事由の生じた日から３か月以内に支払う。

解　説

第８章　退職金

退職金制度に関しては、それを設けないという取り扱いも認められていますが、制度を設ける場合には就業規則に記載しなければなりません。大企業においては、別途、「退職金規程」を設けるのが一般的ですが、小規模な事業所においては、そこまでやる必要性は少ないでしょう。

第47条第１項は、退職金の計算方法として、退職（解雇）時の基本給に支給率を乗じるという方法を採用しています。その他に、勤続年数のみで支給額を決める方法など種々の方法があります。

第９章　安全衛生及び災害補償

第49条（順守義務）

1　会社は、社員の安全衛生の確保及び改善を図るため必要な措置を講ずる。

2　社員は、安全衛生に関する法令、規則及び会社の指示を守り、会社と協力して労働災害の防止に努めなければならない。

第50条（健康診断）

1　社員に対しては、採用の際及び毎年定期に、健康診断を行う。

2　前項の健康診断のほか、法令で定められた有害業務に従事する社員に対しては、特別の項目についての健康診断を行う。

3　前２項の健康診断の結果必要と認めるときは、一定の期間就業の禁止、就業時間の短縮、配置転換その他健康保持上必要な措置を命ずることがある。

第51条（安全衛生教育）

社員に対し、採用の際及び配置換え等により作業内容を変更した際に、その従事する業務に必要な安全衛生教育を行う。

第52条（災害補償）

1　社員が業務上の事由若しくは通勤により負傷し、疾病にかかり、又は死亡した場合は、労働者災害補償保険法に定める保険給付を受けるものとする。この場合において、会社は必要な助力等を行う。

2　社員が業務上負傷し、又は疾病にかかり休業する場合の最初の３日間については、会社は平均賃金の６割相当額の休業補償を行う。

解　説

第９章　安全衛生及び災害補償

安全衛生・災害補償に関しては、簡単な規定を置くに止める就業規則が多いといえます。ただ、農業に関しては、現場における作業の比重が高いのが一般です。その点をふまえ、職場の特質をふまえたより具体的な規定を盛り込むことが望ましいといえます。

第52条第２項に関連し、４日目以降については、労災保険の休業補償給付が政府から支給されます。

第10章　表彰及び制裁

第53条（表彰）

1　会社は、社員が次に該当するときは、表彰する。

①　事業の発展に貢献し、又は業務上有益な創意工夫、発見をなしたとき。

②　10年以上誠実に勤務したとき。

③　前各号に準ずる篤行又は功労のあったとき。

2　表彰は、賞品又は賞金の授与等によって行う。

第54条（制裁の種類）

社員に対する制裁は、その情状に応じ次の区分により行う。

①　けん責　　始末書を提出させ将来を戒める。

②　減給　　始末書を提出させ減給する。ただし、減給は１回の額が平均賃金の１日分の２分の１を超え、総額が１賃金支払期間における賃金の10分の１を超えることはない。

③　出勤停止　始末書を提出させるほか、７日間を限度として出勤を停止し、その間の賃金は支給しない。

④　懲戒解雇　即時に解雇する。

第55条（制裁の事由）

1　社員が次のいずれかに該当するときは、けん責、減給又は出勤停止に処する。

①　正当な理由なく無断欠勤3日以上に及ぶとき。

②　しばしば欠勤、遅刻、早退するなど、勤務に熱心でないとき。

③　過失により会社に損害を与えたとき。

④　素行不良で会社内の秩序又は風紀を乱したとき。

⑤　その他この規則に違反し、又は前各号に準ずる不都合な行為があったとき。

2　社員が次のいずれかに該当するときは、懲戒解雇に処する。

①　正当な理由なく無断欠勤7日以上に及び、出勤の督促に応じないとき。

②　遅刻、早退及び欠勤を繰り返し、数回にわたって注意を受けても改めないとき。

③　会社内における盗取、横領、傷害等刑法犯に該当する行為があったとき、又はこれらの行為が会社外で行われた場合であっても、それが著しく会社の名誉又は信用を傷つけたとき。

④　故意又は重大な過失により会社に損害を与えたとき。

⑤　素行不良で著しく会社内の秩序又は風紀を乱したとき。

⑥　重大な経歴を詐称したとき。

⑦　その他前各号に準ずる重大な行為があったとき。

解　説

第10章　表彰及び制裁

表彰と制裁（懲戒処分）に関しては、規則の最後に規定をもってくるのが通例です。

第54条（制裁の種類）のうち、第2号ただし書きについては、労働基準法上の要請を確認する趣旨の規定であり、この基準を超える減給制裁は許されません。

附　則

第56条（施行期日）

この規則は平成　　年　　月　　日から施行する。

解　説

就業規則様式　手続きに必要な書類

就業規則を所轄労働基準監督署長宛てに提出する場合には、下記の書類を各2部用意して労働基準監督署に出向き、窓口で書類を提出しなければなりません。⑴就業規則（賃金規則等が別になっている場合は就業規則の本体のみならず、別になっている規則も提出しなければなりません）⑵就業規則届　⑶意見書

労務関係書式例

以下に掲載する労務関係の各種書式の記載例については、①書式そのものが、しばしば変更になる、②各都道府県ごとに記載方法に関する指示が異なることがあります。実際に書式を作成される場合は、労働基準監督署（労働基準法、労災保険関係）、公共職業安定所（雇用保険関係）、年金事務所（健康保険、厚生年金保険関係）に事前に問い合わせてください。また、社会保険労務士に相談するのもよいでしょう。

第7−2（様式）

様式第23号の2（第57条関係）

適用事業報告

事業の種類	事業の名称	事業の所在地（電話番号）
農　業	鈴木農場　株式会社	東京都八王子市堀ノ内1-2-3 電話　042（623）4567 番

		種別	満18歳以上		満15歳以上満18歳未満		満15歳未満		計	
労働者数	通勤	男	3	（　　）	0	（　　）	0	（　　）	3	（　　）
		女	1	（　　）	0	（　　）	0	（　　）	1	（　　）
		計	4	（　　）	0	（　　）	0	（　　）	4	（　　）
	寄宿	男	0	（　　）	0	（　　）	0	（　　）	0	（　　）
		女	0	（　　）	0	（　　）	0	（　　）	0	（　　）
		計	0	（　　）	0	（　　）	0	（　　）	0	（　　）
	総計		4	（　　）	0	（　　）	0	（　　）	4	（　　）
備考			適用年月日　令和4年8月1日							

令和4年8月3日

使用者　職名　代表取締役
　　　　氏名　鈴木一郎

八王子 労働基準監督署長　殿

記載心得
1　坑内労働者を使用する場合は、労働者数の欄にその数を括弧して内書すること。
2　備考の欄には適用年月日を記入すること。

第7—3（様式）

就業規則（変更）届

令和　4 年　　8 月　　3　 日

八王子　労働基準監督署長　殿

今回、別添のとおり当社の就業規則を制定・変更いたしましたので、意見書を添えて提出します。

主な変更事項

条文	改　正　前	改　正　後

労働保険番号	都道府県	所轄	管轄	基幹番号	枝番号	被一括事業番号

ふりがな 事業場名	すずきのうじょう　かぶしきかいしゃ 鈴木農場 株式会社	
所在地	東京都八王子市堀ノ内1－2－3　　TEL 042-623-4567	
使用者職氏名	代表取締役　鈴木一郎	
業種・労働者数		企業全体　　人 事業場のみ　　人

〔前回届出から名称変更があれば旧名称
また、住所変更もあれば旧住所を記入。〕

第7―4（様式）

意　見　書

令和 4 年　8　月　2　日

鈴木農場　株式会社
代表取締役　鈴木一郎　　殿

令和　4　年　8　月　1　日付をもって意見を求められた就業規則案について、下記のとおり意見を提出します。

記

特に意見はない

職名
労働組合の名称又は労働者の過半数を代表する者の
氏名　田中二郎
労働者の過半数を代表する者の選出方法（　社員の全体会議での選出　）

第8−1（様式）

様式コード			
2	1	0	1

健康保険 厚生年金保険 新規適用届

受付印

令和 4 年 8 月 3 日提出

事業主記入欄		
事業所所在地	〒 192−0001 (フリガナ) ハチオウジシホリノウチ 八王子市堀ノ内1-2-3	
事業所名称	(フリガナ) スズキノウジョウ（カ） 鈴木農場　株式会社	
電話番号	042（623）4567	

社会保険労務士記載欄
氏名等

事業所情報記入欄					
① 事業主（または代表者）氏名	(フリガナ) スズキ　イチロウ (氏) 鈴木　(名) 一郎	② 問合せ先担当者名（内線）	問合せ先担当者名 高橋　一美	内線番号	
③ 事業主（または代表者）住所	〒 192−0001 八王子市堀ノ内1-2-3				
「事業主代理人の有る場合」 ④ 事業主代理人氏名	(フリガナ) (氏)　(名)				
⑤ 事業主代理人住所	〒　−				
⑥ 業態区分（事業の種類）	事業の種類	⑦ 適用年月日（※記入不要）	9. 令和　年　月　日		
⑧ 個人・法人等区分	① 法人事業所 2. 個人事業所 3. 国・地方公共団体	⑨ 法人番号等	① 法人番号 2. 会社法人等番号	1 2 3 4 5 6 7 8 9 0 1 2 3	
⑩ 本店・支店区分	1. 本店 2. 支店	⑪ 内・外国区分	① 内国法人 2. 外国法人	⑫ 社会保険労務士名	社会保険労務士コード
⑬ 健康保険組合名称	(フリガナ) 健康保険組合	⑭ 厚生年金基金番号		厚生年金基金	
⑮ 給与計算の締切日	毎月末 日	⑯ 昇給月	月　月　月　月	⑰ 算定基礎届媒体作成	0. 必要（紙媒体） 1. 不要（自社作成） 2. 必要（電子媒体）
⑱ 給与支払日	当月 ㊀翌月 15 日	⑲ 賞与支払予定月	月　月　月　月	⑳ 賞与支払届媒体作成	0. 必要（紙媒体） 1. 不要（自社作成） 2. 必要（電子媒体）
㉑ 給与形態	1. 月給　5. 時間給 2. 日給　6. 年俸制 3. 日給月給　7. その他 4. 歩合給（　）	㉒ 諸手当の種類	1. 家族手当　5. 精勤手当 2. 住宅手当　6. 残業手当 3. 役付手当　7. その他 4. 通勤手当（　）	㉓ 現物給与の種類	1. 食事　5. その他 2. 住宅（　） 3. 被服 4. 定期券
㉔ 従業員情報	1. 従業員数（役員含む）　4 人		2. 社会保険に加入する従業員数　4 人		
	3. 社会保険に加入しない従業員について ※ ㋑〜㋓については平均的な勤務日数および勤務時間を記入してください。	㋐ 役員　2 人［報酬（0. 無 ／ 1. 有）・常勤（2 人）・非常勤（　人）］ ㋑ 嘱託職員等　人［1月　日・1週　時間］ ㋒ パート　人［1月　日・1週　時間］ ㋓ アルバイト　人［1月　日・1週　時間］			
㉕ 所定労働日数 所定労働時間	1月　日・1週　時間 40 分				
㉖ 備考					

第8−2（様式）

様式コード
2200

健康保険
厚生年金保険
厚生年金保険

被保険者資格取得届
70歳以上被用者該当届

令和　4　年　8　月　3　日提出

提出者記入欄

事業所整理記号	00−ケイト	事業所番号	00123

届書記入の個人番号に誤りがないことを確認しました。

事業所所在地	〒 192 − 0001 東京都八王子市堀ノ内1−2−3
事業所名称	鈴木農場 株式会社
事業主氏名	代表取締役　鈴木一郎
電話番号	042（623）4567

受付印

社会保険労務士記載欄
氏　名　等

被保険者1

①被保険者整理番号	
②氏名	（フリガナ）タナカ　ジロウ （氏）田中　（名）二郎
③生年月日	5.昭和　46年01月23日
④種別	1.男
⑤取得区分	1.健保・厚年
⑥個人番号（基礎年金番号）	214012345678
⑦取得（該当）年月日	9.令和　30年08月01日
⑧被扶養者	0.無　1.有
⑨報酬月額	㋐（通貨）250,000円 ㋑（現物）円 ㋒（合計 ㋐+㋑）250000円
⑩備考	該当する項目を○で囲んでください。 1. 70歳以上被用者該当 2. 二以上事業所勤務者の取得 3. 短時間労働者の取得（特定適用事業所等） 4. 退職後の継続再雇用者の取得 5. その他（　）
⑪住所	日本年金機構に提出する際、個人番号を記入した場合は、住所記入は不要です。 〒　—　（フリガナ） 理由：1. 海外在住　2. 短期在留　3. その他（　）

被保険者2

①被保険者整理番号	
②氏名	（フリガナ）サトウ　サブロウ （氏）佐藤　（名）三郎
③生年月日	5.昭和　31年10月01日
④種別	1.男
⑤取得区分	1.健保・厚年
⑥個人番号（基礎年金番号）	211623456789
⑦取得（該当）年月日	9.令和　30年08月01日
⑧被扶養者	0.無　1.有
⑨報酬月額	㋐（通貨）400,000円 ㋑（現物）円 ㋒（合計 ㋐+㋑）400000円
⑩備考	該当する項目を○で囲んでください。 1. 70歳以上被用者該当 2. 二以上事業所勤務者の取得 3. 短時間労働者の取得（特定適用事業所等） 4. 退職後の継続再雇用者の取得 5. その他（　）
⑪住所	日本年金機構に提出する際、個人番号を記入した場合は、住所記入は不要です。 〒　—　（フリガナ） 理由：1. 海外在住　2. 短期在留　3. その他（　）

被保険者3

①被保険者整理番号	
②氏名	（フリガナ）ナカムラ　シロウ （氏）中村　（名）四朗
③生年月日	5.昭和　43年10月02日
④種別	1.男
⑤取得区分	1.健保・厚年
⑥個人番号（基礎年金番号）	214034567890
⑦取得（該当）年月日	9.令和　30年08月01日
⑧被扶養者	0.無　1.有
⑨報酬月額	㋐（通貨）320,000円 ㋑（現物）円 ㋒（合計 ㋐+㋑）320000円
⑩備考	該当する項目を○で囲んでください。 1. 70歳以上被用者該当 2. 二以上事業所勤務者の取得 3. 短時間労働者の取得（特定適用事業所等） 4. 退職後の継続再雇用者の取得 5. その他（　）
⑪住所	日本年金機構に提出する際、個人番号を記入した場合は、住所記入は不要です。 〒　—　（フリガナ） 理由：1. 海外在住　2. 短期在留　3. その他（　）

被保険者4

①被保険者整理番号	
②氏名	（フリガナ）タカハシ　カズミ （氏）高橋　（名）一美
③生年月日	5.昭和　61年10月03日
④種別	2.女
⑤取得区分	1.健保・厚年
⑥個人番号（基礎年金番号）	210987654321
⑦取得（該当）年月日	9.令和　30年08月01日
⑧被扶養者	0.無　1.有
⑨報酬月額	㋐（通貨）180,000円 ㋑（現物）円 ㋒（合計 ㋐+㋑）180000円
⑩備考	該当する項目を○で囲んでください。 1. 70歳以上被用者該当 2. 二以上事業所勤務者の取得 3. 短時間労働者の取得（特定適用事業所等） 4. 退職後の継続再雇用者の取得 5. その他（　）
⑪住所	日本年金機構に提出する際、個人番号を記入した場合は、住所記入は不要です。 〒　—　（フリガナ） 理由：1. 海外在住　2. 短期在留　3. その他（　）

種別の選択肢：1.男　2.女　3.坑内員　5.男（基金）　6.女（基金）　7.坑内員（基金）
取得区分の選択肢：1.健保・厚年　3.共済出向　4.船保任継
生年月日の選択肢：5.昭和　7.平成　9.令和

協会けんぽご加入の事業所様へ
※ 70歳以上被用者該当届のみ提出の場合は、「⑩備考」欄の「1.70歳以上被用者該当」および「5.その他」に○をし、「5.その他」の（ ）内に「該当届のみ」とご記入ください（この場合、健康保険被保険者証の発行はありません）。

第8－3（様式）

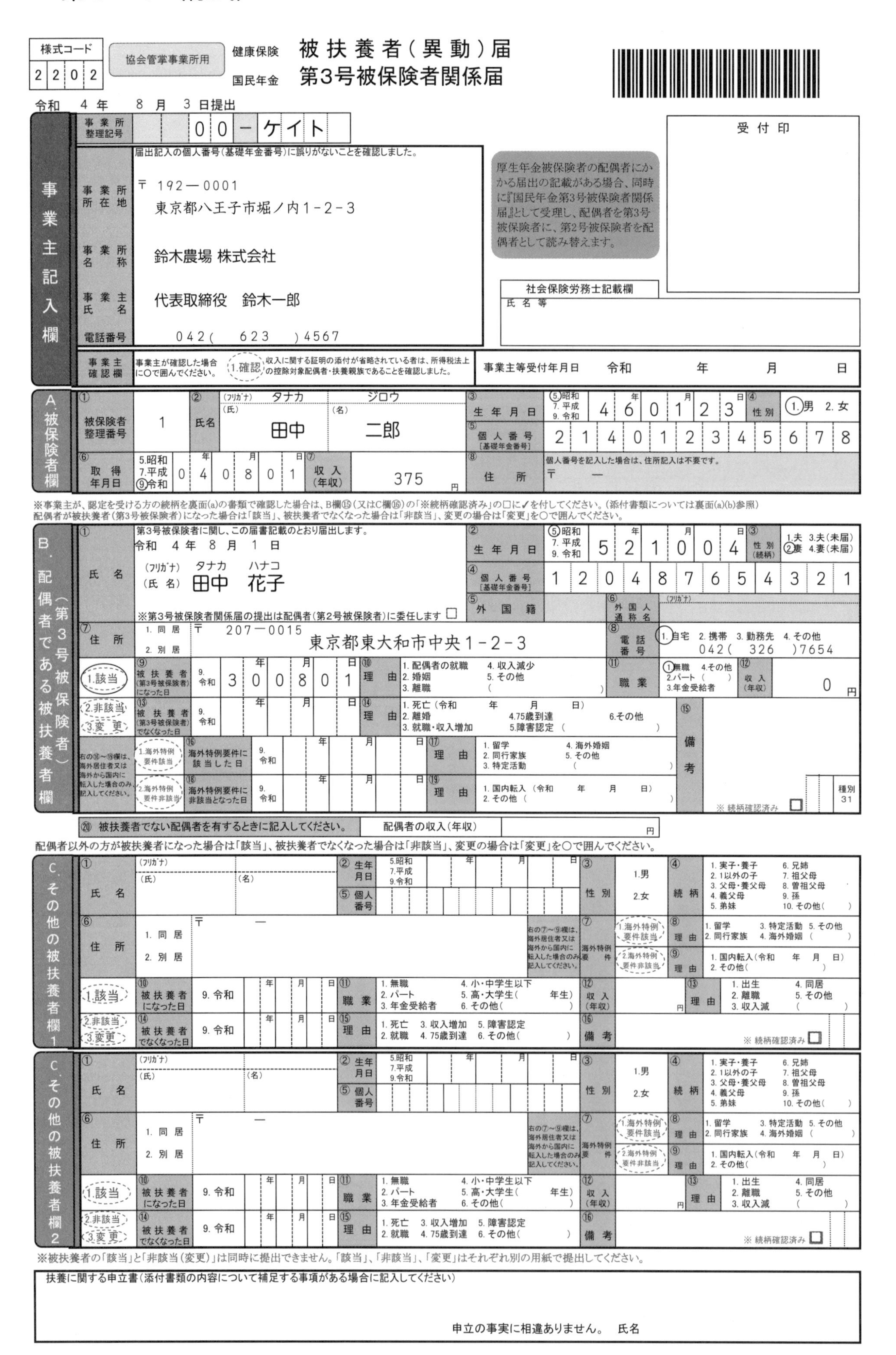

様式コード 2202　協会管掌事業所用

健康保険 国民年金　被扶養者（異動）届 第3号被保険者関係届

令和 4 年 8 月 3 日提出

事業主記入欄

事業所整理記号	00－ケイト
事業所所在地	〒192－0001 東京都八王子市堀ノ内1-2-3
事業所名称	鈴木農場 株式会社
事業主氏名	代表取締役 鈴木一郎
電話番号	042（ 623 ）4567
事業主確認欄	事業主が確認した場合に○で囲んでください。 1.確認 収入に関する証明の添付が省略されている者は、所得税法上の控除対象配偶者・扶養親族であることを確認しました。

届出記入の個人番号（基礎年金番号）に誤りがないことを確認しました。

事業主等受付年月日 令和 年 月 日

厚生年金被保険者の配偶者にかかる届出の記載がある場合、同時に『国民年金第3号被保険者関係届』として受理し、配偶者を第3号被保険者に、第2号被保険者を配偶者として読み替えます。

受付印

社会保険労務士記載欄 氏名等

A．被保険者欄

①被保険者整理番号	1
②氏名	（フリガナ）タナカ ジロウ （氏）田中 （名）二郎
③生年月日	5.昭和 46年01月23日
④性別	1.男
⑤個人番号［基礎年金番号］	214012345678
⑥取得年月日	9.令和 04年08月01日
⑦収入（年収）	375 円
⑧住所	個人番号を記入した場合は、住所記入は不要です。 〒 －

※事業主が、認定を受ける方の続柄を裏面(a)の書類で確認した場合は、B欄⑮（又はC欄⑯）の「※続柄確認済み」の□に✓を付してください。（添付書類については裏面(a)(b)参照）

配偶者が被扶養者（第3号被保険者）になった場合は「該当」、被扶養者でなくなった場合は「非該当」、変更の場合は「変更」を○で囲んでください。

B．配偶者である被扶養者（第3号被保険者）欄

第3号被保険者に関し、この届書記載のとおり届出します。令和 4 年 8 月 1 日

①氏名	（フリガナ）タナカ ハナコ （氏名）田中 花子
②生年月日	5.昭和 52年10月04日
③性別（続柄）	2.妻
④個人番号［基礎年金番号］	120487654321
⑤外国籍	
⑥外国人通称名	
⑦住所	1.同居 2.別居 〒207－0015 東京都東大和市中央1-2-3
⑧電話番号	1.自宅 2.携帯 3.勤務先 4.その他 042（ 326 ）7654
1.該当 ⑨被扶養者（第3号被保険者）になった日	9.令和 30年08月01日
⑩理由	1.配偶者の就職 2.婚姻 3.離職 4.収入減少 5.その他（ ）
⑪職業	1.無職 2.パート 3.年金受給者 4.その他（ ）
⑫収入（年収）	0 円
2.非該当 3.変更 ⑬被扶養者（第3号被保険者）でなくなった日	9.令和 年 月 日
⑭理由	1.死亡（令和 年 月 日） 2.離婚 3.就職・収入増加 4.75歳到達 5.障害認定（ ） 6.その他（ ）
⑮備考	※続柄確認済み □
1.海外特例要件該当 ⑯海外特例要件に該当した日	9.令和 年 月 日
⑰理由	1.留学 2.同行家族 3.特定活動 4.海外婚姻 5.その他（ ）
2.海外特例要件非該当 ⑱海外特例要件に非該当となった日	9.令和 年 月 日
⑲理由	1.国内転入（令和 年 月 日） 2.その他（ ）

右の⑯～⑲欄は、海外居住者又は海外から国内に転入した場合のみ記入してください。

※第3号被保険者関係届の提出は配偶者（第2号被保険者）に委任します □

種別 31

⑳ 被扶養者でない配偶者を有するときに記入してください。 配偶者の収入（年収） 円

配偶者以外の方が被扶養者になった場合は「該当」、被扶養者でなくなった場合は「非該当」、変更の場合は「変更」を○で囲んでください。

C．その他の被扶養者欄1

①氏名	（フリガナ） （氏） （名）
②生年月日	5.昭和 7.平成 9.令和 年 月 日
③性別	1.男 2.女
④続柄	1.実子・養子 2.1以外の子 3.父母・養父母 4.義父母 5.弟妹 6.兄姉 7.祖父母 8.曽祖父母 9.孫 10.その他（ ）
⑤個人番号	
⑥住所	1.同居 2.別居 〒 －
⑦海外特例要件	1.海外特例要件該当 2.海外特例要件非該当
⑧理由	1.留学 2.同行家族 3.特定活動 4.海外婚姻 5.その他（ ）
⑨理由	1.国内転入（令和 年 月 日） 2.その他（ ）
1.該当 ⑩被扶養者になった日	9.令和 年 月 日
⑪職業	1.無職 2.パート 3.年金受給者 4.小・中学生以下 5.高・大学生（ 年生） 6.その他（ ）
⑫収入（年収）	円
⑬理由	1.出生 2.離職 3.収入減 4.同居 5.その他（ ）
2.非該当 3.変更 ⑭被扶養者でなくなった日	9.令和 年 月 日
⑮理由	1.死亡 2.就職 3.収入増加 4.75歳到達 5.障害認定 6.その他（ ）
⑯備考	※続柄確認済み □

右の⑦～⑨欄は、海外居住者又は海外から国内に転入した場合のみ記入してください。

C．その他の被扶養者欄2

①氏名	（フリガナ） （氏） （名）
②生年月日	5.昭和 7.平成 9.令和 年 月 日
③性別	1.男 2.女
④続柄	1.実子・養子 2.1以外の子 3.父母・養父母 4.義父母 5.弟妹 6.兄姉 7.祖父母 8.曽祖父母 9.孫 10.その他（ ）
⑤個人番号	
⑥住所	1.同居 2.別居 〒 －
⑦海外特例要件	1.海外特例要件該当 2.海外特例要件非該当
⑧理由	1.留学 2.同行家族 3.特定活動 4.海外婚姻 5.その他（ ）
⑨理由	1.国内転入（令和 年 月 日） 2.その他（ ）
1.該当 ⑩被扶養者になった日	9.令和 年 月 日
⑪職業	1.無職 2.パート 3.年金受給者 4.小・中学生以下 5.高・大学生（ 年生） 6.その他（ ）
⑫収入（年収）	円
⑬理由	1.出生 2.離職 3.収入減 4.同居 5.その他（ ）
2.非該当 3.変更 ⑭被扶養者でなくなった日	9.令和 年 月 日
⑮理由	1.死亡 2.就職 3.収入増加 4.75歳到達 5.障害認定 6.その他（ ）
⑯備考	※続柄確認済み □

右の⑦～⑨欄は、海外居住者又は海外から国内に転入した場合のみ記入してください。

※被扶養者の「該当」と「非該当（変更）」は同時に提出できません。「該当」、「非該当」、「変更」はそれぞれ別の用紙で提出してください。

扶養に関する申立書（添付書類の内容について補足する事項がある場合に記入してください）

申立の事実に相違ありません。 氏名

第8―4（様式）

様式第1号（第4条、第64条、附則第2条関係）（1）（表面）

提出用

労働保険
0：保険関係成立届（継続）（事務処理委託届）
1：保険関係成立届（有期）
2：任意加入申請書（事務処理委託届）

4年 8月 3日

⑯種別 3160

労働局長
労働基準監督署長
公共職業安定所長 殿

下記のとおり
（イ）届けます。（31600又は31601のとき）
（ロ）労災保険
（ハ）雇用保険
の加入を申請します。（31602のとき）

※労働保険番号

都道府県	所掌	管轄（1）	基幹番号	枝番号
13	1	15	123456	001

※修正項目番号　※漢字修正項目番号

事業所

⑰住所（カナ）
- 郵便番号 192-0001
- 住所 市・区・郡名 ハチオウジシ
- 住所（つづき）町村名 ホリノウチ
- 住所（つづき）丁目・番地 1-2-3
- 住所（つづき）ビル・マンション名等

⑱住所（漢字）
- 住所 市・区・郡名 八王子市
- 住所（つづき）町村名 堀ノ内
- 住所（つづき）丁目・番地 1-2-3
- 住所（つづき）ビル・マンション名等

⑲名称・氏名（カナ）
- 名称・氏名 スズキノウジョウ
- 名称・氏名（つづき）カブシキガイシャ
- 名称・氏名（つづき）
- 電話番号（市外局番）042-（市内局番）623-（番号）4567

⑳名称・氏名（漢字）
- 名称・氏名 鈴木農場
- 名称・氏名（つづき）株式会社
- 名称・氏名（つづき）

事業主・事業

①事業主 住所又は所在地	
①事業主 氏名又は名称	
②事業 所在地	郵便番号 192-0001 八王子市堀ノ内1-2-3 電話番号 042-623-4567 番
②事業 名称	鈴木農場株式会社
③事業の概要	農業
④事業の種類	農業
⑤加入済の労働保険	（イ）労災保険 （ロ）雇用保険
⑥保険関係成立年月日	（労災）4年8月1日 （雇用）4年8月1日
⑦雇用保険被保険者数	一般・短期 4人 日雇 0人
⑧賃金総額の見込額	12,000千円
⑨委託事務組合 所在地	郵便番号 電話番号 － － 番
⑨委託事務組合 名称	
⑨委託事務組合 代表者氏名	
⑩委託事務内容	
⑪事業開始年月日	年 月 日
⑫事業廃止等年月日	年 月 日
⑬建設の事業の請負金額	円
⑭立木の伐採の事業の素材見込生産量	立方メートル
⑮発注者 住所又は所在地	郵便番号
⑮発注者 氏名又は名称	電話番号 － － 番

㉑保険関係成立年月日（31600又は31601のとき）
※任意加入認可年月日（31602のとき）（元号：令和は9）　元号 － 年 － 月 － 日

㉒事務処理委託年月日（31600又は31602のとき）
事務終了予定年月日（31601のとき）（元号：令和は9）　元号 － 年 － 月 － 日

㉓常時使用労働者数　十万 千 百 十 人

※保険関係等区分（31600又は31602のとき）

㉔雇用保険被保険者数（31600又は31602のとき）　十万 千 百 十 人

※片保険理由コード（31600のとき）

㉕加入済労働保険番号（31600又は31602のとき）　都道府県 所掌 管轄（1） 基幹番号 枝番号

㉖適用済労働保険番号1　都道府県 所掌 管轄（1） 基幹番号 枝番号

㉗適用済労働保険番号2　都道府県 所掌 管轄（1） 基幹番号 枝番号

※雇用保険の事業所番号（31600又は31602のとき）
※府県区分（31600又は31602のとき）　※特掲コード（31600又は31602のとき）　※管轄（2）（31600のとき）　※業種　※産業分類（31600又は31602のとき）　※データ指示コード　※再入力区分

※修正項目（英数・カナ）

※修正項目（漢字）

事業主氏名（法人のときはその名称及び代表者の氏名）
鈴木農場株式会社
代表取締役　鈴木一郎

※受付年月日（元号：令和は9）　元号 － 年 － 月 － 日

㊲法人番号

（3.3）

第8－5（様式）

雇用保険適用事業所設置届

（必ず第２面の注意事項を読んでから記載してください。）

※ 事業所番号

帳票種別 12001

1.法人番号（個人事業の場合は記入不要です。） 1234567890123

下記のとおり届けます。

公共職業安定所長　殿

令和4年8月3日

2.事業所の名称（カタカナ） スズキノウジョウ

事業所の名称〔続き（カタカナ）〕 カブシキガイシャ

3.事業所の名称（漢字） 鈴木農場

事業所の名称〔続き（漢字）〕 株式会社

4.郵便番号 192-0001

5.事業所の所在地（漢字）※市・区・郡及び町村名 八王子市

事業所の所在地（漢字）※丁目・番地 堀ノ内1－2－3

事業所の所在地（漢字）※ビル、マンション名等

6.事業所の電話番号（項目ごとにそれぞれ左詰めで記入してください。） 042-623-4567（市外局番・市内局番・番号）

7.設置年月日 4-300801（元号 年 月 日）（3昭和 4平成 5令和）

8.労働保険番号 13115123456001（府県 所掌 管轄 基幹番号 枝番号）

※公共職業安定所記載欄	9.設置区分（1当然 2任意）	10.事業所区分（1個別 2委託）	11.産業分類	12.台帳保存区分（1日雇被保険者のみの事業所 2船舶所有者）

13.事業主		
住所（法人のときは主たる事務所の所在地）	（フリガナ）トウキョウトハチオウジシホリノウチ	東京都八王子市堀ノ内1－2－3
名称	（フリガナ）スズキノウジョウ　カブシキガイシャ	鈴木農場　株式会社
氏名（法人のときは代表者の氏名）	（フリガナ）	代表取締役　鈴木一郎
14.事業の概要（漁業の場合は漁船の総トン数を記入すること）		農業
15.事業の開始年月日	令和4年8月1日	
※16.事業の廃止年月日	令和　年　月　日	

17.常時使用労働者数		4人
18.雇用保険被保険者数	一般	4人
	日雇	0人
19.賃金支払関係	賃金締切日	毎月末日
	賃金支払日	当・翌月15日
20.雇用保険担当課名		総務課　人事係
21.社会保険加入状況		健康保険　厚生年金保険　労災保険

備考

※ 所長　次長　課長　係長　係　操作者

（この用紙は、このまま機械で処理しますので、汚さないようにしてください。）

（この届出は、事業所を設置した日の翌日から起算して10日以内に提出してください。）

2021.9

注　意

1　□□□□で表示された枠（以下「記入枠」という。）に記入する文字は、光学式文字読取装置（ＯＣＲ）で直接読取を行いますので、この用紙を汚したり、必要以上に折り曲げたりしないでください。
2　記載すべき事項のない欄又は記入枠は空欄のままとし、※印のついた欄又は記入枠には記載しないでください。
3　記入枠の部分は、枠からはみ出さないように大きめの文字によって明瞭に記載してください。
4　1欄には、平成27年10月以降、国税庁長官から本社等へ通知された法人番号を記載してください。
5　2欄には、数字は使用せず、カタカナ及び「-」のみで記載してください。
カタカナの濁点及び半濁点は、１文字として取り扱い（例：ガ→カ゛、パ→ハ゜、また、「ヰ」及び「ヱ」は使用せず、それぞれ「イ」及び「エ」を使用してください。
6　3欄及び5欄には、漢字、カタカナ、平仮名及び英数字（英字については大文字体とする。）により明瞭に記載してください。
7　5欄１行目には、都道府県名は記載せず、特別区名、市名又は郡名とそれに続く町村名を左詰めで記載してください。
5欄２行目には、丁目及び番地のみを左詰めで記載してください。
また、所在地にビル名又はマンション名等が入る場合は5欄３行目に左詰めで記載してください。
8　6欄には、事業所の電話番号を記載してください。この場合、項目ごとにそれぞれ左詰めで、市内局番及び番号は「-」に続く５つの枠内にそれぞれ左詰めで記載してください。（例：03-3456-XXXX→03□□□-3456□-XXXX□　）
9　7欄には、雇用保険の適用事業所となるに至った年月日を記載してください。この場合、元号をコード番号で記載した上で、年、月又は日が１桁の場合は、それぞれ10の位の部分に「０」を付加して２桁で記載してください。
（例：平成14年４月１日→4-140401　）
10　14欄には、製品名及び製造工程又は建設の事業及び林業等の事業内容を具体的に記載してください。
11　18欄の「一般」には、雇用保険被保険者のうち、一般被保険者数、高年齢被保険者数及び短期雇用特例被保険者数の合計数を記載し、「日雇」には、日雇労働被保険者数を記載してください。
12　21欄は、該当事項を○で囲んでください。
13　22欄は、事業所印と事業主印又は代理人印を押印してください。
14　23欄は、最寄りの駅又はバス停から事業所への道順略図を記載してください。

お願い
1　事業所を設置した日の翌日から起算して10日以内に提出してください。
2　営業許可証、登記事項証明書その他記載内容を確認することができる書類を持参してください。

22. 登録印	事業所印影	事業主（代理人）印影	改印欄（事業所・事業主）	改印欄（事業所・事業主）	改印欄（事業所・事業主）
			改印年月日　令和　年　月　日	改印年月日　令和　年　月　日	改印年月日　令和　年　月　日

23.最寄りの駅又はバス停から事業所への道順

労働保険事務組合記載欄

所在地

名　称

代表者氏名

委託開始　　令和　年　月　日

委託解除　　令和　年　月　日

社会保険労務士記載欄	作成年月日・提出代行者・事務代理者の表示	氏　名	電話番号

※　本手続は電子申請による届出も可能です。詳しくは管轄の公共職業安定所までお問い合わせください。
なお、本手続について、社会保険労務士が電子申請により本届書の提出に関する手続を事業主に代わって行う場合には、当該社会保険労務士が当該事業主の提出代行者であることを証明することができるものを本届書の提出と併せて送信することをもって、当該事業主の電子署名に代えることができます。

第8―6（様式）

様式第6号（第24条、第25条、第33条関係）（甲）（1）

労働保険 概算・増加概算・確定保険料 申告書
石綿健康被害救済法 一般拠出金

継続事業（一括有期事業を含む。）

標準字体 0123456789

第3片「記入に当たっての注意事項」をよく読んでから記入して下さい。OCR枠への記入は上記の「標準字体」でお願いします。

提出用

下記のとおり申告します。

種別 32700　※修正項目番号　※入力徴定コード

4年 8月 3日

あて先 〒

労働保険特別会計歳入徴収官殿

労働保険番号	都道府県	所掌	管轄	基幹番号	枝番号
	13	1	15	123456	001

※各種区分：管轄(2)　保険関係等　業種　産業分類

増加年月日（元号：令和は9）　事業廃止等年月日（元号：令和は9）　※事業廃止等理由

常時使用労働者数 4　雇用保険被保険者数 4

※保険関係　※片保険理由コード

確定保険料算定内訳	算定期間 年 月 日 から 年 月 日 まで		
区分	保険料・一般拠出金算定基礎額	保険料・一般拠出金率	確定保険料・一般拠出金額
労働保険料	(イ) 千円	(イ) 1000分の	(イ) 円
労災保険分	(ロ) 千円	(ロ) 1000分の	(ロ) 円
雇用保険分	(ホ) 千円	(ホ) 1000分の	(ホ) 円
一般拠出金（注1）	(ヘ) 千円	(ヘ) 1000分の	(ヘ) 円

（注1）石綿による健康被害の救済に関する法律第35条第1項に基づき、労災保険適用事業主から徴収する一般拠出金
（注2）一般拠出金は延納できません

概算・増加概算保険料算定内訳	算定期間 令和4年 8月1日 から 年 月 日 まで		
区分	保険料算定基礎額の見込額	保険料率	概算・増加概算保険料額
労働保険料	(イ) 8400 千円	(イ) 1000分の 15.5	(イ) 130200 円
労災保険分	(ロ) 8400 千円	(ロ) 1000分の 12.0	(ロ) 100800 円
雇用保険分	(ホ) 千円	(ホ) 1000分の	(ホ) 円

事業主の郵便番号（変更のある場合記入）　事業主の電話番号（変更のある場合記入）　延納の申請 納付回数

※検算有無区分　※算調対象区分　※データ指示コード　※再入力区分　※修正項目

欄の（ロ）欄の金額の前に「¥」記号を付さないで下さい。

申告済概算保険料額　円

差引額	(イ) 充当額 円	(ハ) 不足額 円	充当意思 1:労働保険料のみに充当 2:一般拠出金のみに充当 3:労働保険料及び一般拠出金に充当
	(ロ) 還付額 円		

申告済概算保険料額　円

増加概算保険料額　円

法人番号 1234567890123

期別納付額							
第1期（初期）	(イ)概算保険料額 77,000円	(ロ)労働保険料充当額 円	(ハ)不足額 円	(ニ)今期労働保険料 154,000円	(ホ)一般拠出金充当額 円	(ヘ)一般拠出金額 円	(ト)今期納付額 円
第2期	(チ)概算保険料額 77,000円	(リ)労働保険料充当額 円	(ヌ)第2期納付額 円				
第3期	(ル)概算保険料額 円	(ヲ)労働保険料充当額 円	(ワ)第3期納付額 円				

事業又は作業の種類：農業

保険関係成立年月日

事業廃止等理由 (1)廃止 (2)委託 (3)個別 (4)労働者なし (5)その他

加入している労働保険：(イ)労災保険 (ロ)雇用保険　特掲事業：(イ)該当する (ロ)該当しない

事業	
(イ)所在地	八王子市堀ノ内1－2－3
(ロ)名称	鈴木農場　株式会社

事業主	
郵便番号・電話番号	192－0001　（042）623－4567
(イ)住所（法人のときは主たる事務所の所在地）	八王子市堀ノ内1－2－3
(ロ)名称	鈴木農場　株式会社
(ハ)氏名（法人のときは代表者の氏名）	代表取締役　鈴木一郎

社会保険労務士記載欄	作成年月日・提出代行者・事務代理者の表示	氏名	電話番号

（なるべく折り曲げないようにし、やむをえない場合には折り曲げマーク（▶）の所で折り曲げて下さい。）

きりとり線（1枚目はきりはなさないで下さい。）

領収済通知書 労働保険 国庫金

（記入例）¥0123456789　◎数字は記入例にならって黒のボールペンで丁寧に書き、枠からはみださないように記入して下さい。

30840　取扱庁名　※取扱庁番号　徴収勘定 保険料収入及び一般拠出金収入　労働保険特別会計 0847　厚生労働省所管 6118　令和 年度

労働保険番号：都道府県 所掌 管轄 基幹番号 枝番号　※CD　※証券受領

翌年度5月1日以降 現年度歳入組入

※会計年度（元号：令和は9）　※徴定年度（元号：令和は9）　※収納年月日（元号：令和は9）

内訳	十億千百十万千百十円
労働保険料	
一般拠出金	
納付額（合計額）	

納付の目的
1. 令和 年度概算 期
2. 増加概算…1 / 料率引上…2　期別の表示 全期・1(初)期…1 2期…2 3期…3 4期(翌年度確1期)…4
3. 令和 年度確定

※収納区分 ※収納機関 ※認決区分 ※徴定 ※データ指示コード　※内証券受領 円

(住所) 〒

(氏名) 殿

あて先 〒

上記の合計額を領収しました。

領収日付等

(官庁送付分)

納付の場所 日本銀行（本店・支店・代理店又は歳入代理店）、所轄都道府県労働局、所轄労働基準監督署

◎第3片裏面の注意事項をよく読んで、太線の枠内を記入して下さい。

◎この書面は、機械処理されますので、汚したり折り曲げたりしないで下さい。

第8—7（様式）

様式第2号（第6条関係）

雇用保険被保険者資格取得届

標準字体 0 1 2 3 4 5 6 7 8 9

（必ず第２面の注意事項を読んでから記載してください。）

帳票種別 15101

1.個人番号 214012345678

2.被保険者番号 1234-567890-0

3.取得区分 2（1 新規　2 再取得）

4.被保険者氏名 田中　二郎　　フリガナ（カタカナ）タナカ シ゛ロウ

5.変更後の氏名　　フリガナ（カタカナ）

6.性別 1（1 男　2 女）

7.生年月日 3-460123（2 大正　3 昭和　4 平成　5 令和）元号 年 月 日

8.事業所番号 1315-123456-0

9.被保険者となったことの原因 2
（1 新規雇用（新規学卒）　2 新規（その他）雇用　3 日雇からの切替　4 その他　8 出向元への復帰等（65歳以上））

10.賃金（支払の態様－賃金月額:単位千円） 1-250（1 月給 2 週給 3 日給　4 時間給　5 その他）百万 十万 万 千円

11.資格取得年月日 4-300801（4 平成　5 令和）元号 年 月 日

12.雇用形態 7（1 日雇　2 派遣　3 パートタイム　4 有期契約労働者　5 季節的雇用　6 船員　7 その他）

13.職種 07（01〜11）第２面参照

14.就職経路 1（1 安定所紹介　2 自己就職　3 民間紹介　4 把握していない）

15.1週間の所定労働時間 4000 時間 分

16.契約期間の定め 2
1 有 — 契約期間 □-□□□□□□ から □-□□□□□□ まで（元号 年 月 日）（4 平成　5 令和）
契約更新条項の有無（1 有　2 無）
2 無

事業所名〔 鈴木農場　株式会社 〕　　備考〔 〕

17欄から23欄までは、被保険者が外国人の場合のみ記入してください。

17.被保険者氏名（ローマ字）（アルファベット大文字で記入してください。）

被保険者氏名〔続き（ローマ字）〕

18.在留カードの番号（在留カードの右上に記載されている12桁の英数字）

19.在留期間　　まで（西暦 年 月 日）

20.資格外活動の許可の有無（1 有　2 無）

21.派遣・請負就労区分（1 派遣・請負労働者として主として当該事業所以外で就労する場合　2 1に該当しない場合）

22.国籍・地域（ ）

23.在留資格（ ）

※公共職業安定所記載欄

24.取得時被保険者種類（1 一般　2 短期常態　3 季節　11 高年齢被保険者(65歳以上)）

25.番号複数取得チェック不要（チェック・リストが出力されたが、調査の結果、同一人でなかった場合に「1」を記入。）

26.国籍・地域コード（22欄に対応するコードを記入）

27.在留資格コード（23欄に対応するコードを記入）

雇用保険法施行規則第6条第1項の規定により上記のとおり届けます。

令和 4 年 8 月 3 日

住　所　東京都八王子市堀ノ内1-2-3

事業主　氏　名　鈴木農場　株式会社　代表取締役　鈴木一郎

電話番号

公共職業安定所長　殿

社会保険労務士記載欄	作成年月日・提出代行者・事務代理者の表示	氏名	電話番号

※所長		次長		課長		係長		係		操作者	

※備考

確認通知　令和　年　月　日

（この用紙は、このまま機械で処理しますので、汚さないようにしてください。）

2021. 9

農業法人設立・経営相談の窓口（令和5年3月現在）

農業経営相談所名	郵便番号	住　所	連絡先
北海道農業経営相談所	〒060-0005	北海道札幌市中央区北5条西6丁目1-23　北海道農業公社農業経営相談室内　道通ビル6階	011-522-5579
青森県農業経営・就農サポートセンター	〒030-0801	青森県青森市新町二丁目4-1　青森県共同ビル6階　（公社）あおもり農林業支援センター	017-773-3131
岩手県農業経営・就農支援センター	〒020-0022	岩手県盛岡市大通一丁目2-1　岩手県産業会館5階　JA岩手県中央会内	019-626-8516
宮城県農業経営・就農支援センター	〒981-0914	宮城県仙台市青葉区堤通雨宮町4番17号　宮城県仙台合同庁舎9階 （公社）みやぎ農業振興公社内	022-342-9190
秋田県農業経営・就農支援センター	〒010-8570	秋田県秋田市山王四丁目1-1　秋田県農林水産部農林政策課内	018-860-1726
山形県農業経営・就農支援センター	〒990-0041	山形県山形市緑町一丁目9-30　緑町会館4階　（公財）やまがた農業支援センター内	023-673-9888
福島県農業経営・就農支援センター	〒960-8043	福島県福島市中町8番2号　福島県自治会館8階	024-524-1201
茨城県農業参入等支援センター	〒310-8555	茨城県水戸市笠原町978番6　茨城県農業経営課農業参入支援室	029-301-3844
とちぎ農業経営・就農支援センター	〒320-0047	栃木県宇都宮市一の沢2-2-13　とちぎアグリプラザ （公財）栃木県農業振興公社　農政推進部内	028-648-9515
群馬県農業経営・就農支援センター	〒371-0854	群馬県前橋市大渡町一丁目10番7号　群馬県公社総合ビル5階	027-286-6171
埼玉県農業経営・就農支援センター	〒330-9301	埼玉県さいたま市浦和区高砂3-15-1　埼玉県農林部農業支援課内	048-830-4055
千葉県農業者総合支援センター	〒260-0014	千葉県千葉市中央区本千葉町9-10　千葉県JA情報センタービル1階	0800-800-1944
神奈川県農業経営・就農支援センター	〒231-0023	神奈川県横浜市中区山下町2番地　産業貿易センタービル10階 （一社）神奈川県農業会議内	045-201-8859
山梨県農業経営・就農支援センター	〒400-8501	山梨県甲府市丸の内一丁目6-1　山梨県農政部担い手・農地対策課内	055-223-1611
長野県農業経営・就農支援センター	〒380-8570	長野県長野市大字南長野字幅下692-2　県庁5階　長野県農村振興課	026-235-7245
静岡県農業経営・就農支援センター	〒420-0853	静岡県静岡市葵区追手町9-18　静岡中央ビル7階　（公社）静岡県農業振興公社内	054-250-8989
新潟県担い手支援センター	〒950-0965	新潟県新潟市中央区新光町15-2　新潟県公社総合ビル4階　（公社）新潟県農林公社内	025-282-5021
富山県農業経営・就農支援センター	〒930-0096	富山県富山市舟橋北町4-19　富山県森林水産会館6階　（一社）富山県農業会議内	076-441-8961
いしかわ農業経営・就農支援センター	〒920-8203	石川県金沢市鞍月2丁目20番地　石川県地場産業振興センター新館4階 （公財）いしかわ農業総合支援機構内	076-225-7621
福井県農業経営・就農支援センター	〒910-8580	福井県福井市大手3丁目17番1号8階　福井県園芸振興課経営体育成グループ内	0776-20-0431
ぎふアグリチャレンジ支援センター	〒500-8384	岐阜県岐阜市藪田南5-14-12　岐阜県シンクタンク庁舎内2階 （一社）岐阜県農畜産公社内	058-215-1550
愛知県農業経営・就農支援センター	〒460-0003	愛知県名古屋市中区錦3-3-8　JAあいちビル12階 愛知県農業協同組合中央会営農・くらし支援部	052-951-6944
三重県農業経営相談所	〒515-2316	三重県松阪市嬉野川北町530　（公財）三重県農林水産支援センタ-内	0598-48-1226
しがの農業経営・就農支援センター	〒520-8577	滋賀県大津市京町4-1-1　滋賀県農政水産部みらいの農業振興課地域農業戦略室内	077-528-3845
京都府農業経営・就農支援センター	〒602-8054	京都府京都市上京区出水通油小路東入丁子風呂町104-2　京都府庁西別館3階 京都府農業会議	075-417-6847
大阪府農業経営・就農支援センター	〒541-0054	大阪府大阪市中央区南本町二丁目1番8号　創建本町ビル5階　（一財）大阪府みどり公社内	06-6266-8916
（公社）ひょうご農林機構	〒650-0011	兵庫県神戸市中央区下山手通4-15-3　兵庫県農業共済会館3階	078-391-1222
奈良県農業経営・就農支援センター	〒630-8501	奈良県奈良市登大路町30　県分庁舎5階　奈良県食と農の振興部　担い手・農地マネジメント課 （一社）奈良県農業会議	0742-27-7617 0742-27-7419
わかやま農業経営・ 就農サポートセンター	〒640-8585	和歌山県和歌山市小松原通1-1　和歌山県庁東別館4階　和歌山県経営支援課内	073-441-2932
鳥取県農業経営・就農支援センター	〒680-8570	鳥取県鳥取市東町1丁目220番地　本庁舎4階　鳥取県農林水産部農業振興監経営支援課内	0857-26-7276
島根県農業経営・就農支援センター	〒699-0631	島根県出雲市斐川町直江5030番地　島根県農業協同組合	0853-25-8142
岡山県農業経営・就農支援センター	〒709-0614	岡山県岡山市東区竹原505番地　岡山県立青少年農林文化センター三徳園内	086-297-2016
広島県農業経営・就農支援センター	〒730-8511	広島県広島市中区基町10番52号　広島県庁本館4階	082-513-3594
山口県農業経営・就農支援センター	〒754-0002	山口県山口市小郡下郷2139番地　山口県農業協同組合営農企画課内	083-976-6857
徳島県農業経営・就農支援センター	〒770-0011	徳島県徳島市北佐古一番町5-12　JA会館8階　（一社）徳島県農業会議内	088-678-5611
香川県新規就農・農業経営 相談センター	〒761-8078	香川県高松市仏生山町甲263番地1　（公財）香川県農地機構	087-816-3955
えひめ農業経営サポートセンター	〒791-0003	愛媛県松山市三番町4丁目4-1　愛媛県林業会館4階　（公財）えひめ農林漁業振興機構内	089-945-1542
高知県農業経営・就農支援センター	〒780-0850	高知県高知市丸ノ内1丁目7番52号　高知県庁西庁舎3階　（一社）高知県農業会議内	088-824-8555
福岡県農業経営・就農支援センター	〒812-8577	福岡県福岡市博多区東公園7番7号　福岡県庁5階　福岡県農林水産部経営技術支援課経営企画係	092-643-3494
さが農業経営・就農支援センター	〒849-0925	佐賀県佐賀市八丁畷町8番地1　佐賀総合庁舎4階　（一社）佐賀県農業会議内	0952-20-1810
長崎県農業経営・就農支援センター	〒850-0035	長崎県長崎市元船町17番1号　長崎県大波止ビル3階　（一社）長崎県農業会議内	095-822-9647
熊本県農業経営・就農支援センター	〒862-8570	熊本県熊本市中央区水前寺6丁目18番1号　県庁本館9階　（一社）熊本県農業会議内	096-384-3333
おおいた農業経営・ 就農支援センター	〒870-8501	大分県大分市大手町3丁目1番1号　大分県庁本館9階　大分県農林水産部新規就業・経営体支援課内	097-506-3598
宮崎県農業経営・就農支援センター	〒880-0032	宮崎県宮崎市霧島1-1-1　JAビル7階　宮崎県農業再生協議会内	0985-31-2030
かごしま農業経営・ 就農支援センター	〒890-8577	鹿児島県鹿児島市鴨池新町10番1号　鹿児島県行政庁舎11階　鹿児島県農政部経営技術課内	099-286-3152
沖縄県農業経営・就農支援センター	〒900-8570	沖縄県那覇市泉崎1-2-2　県庁9階　沖縄県農林水産部農政経済課内	098-866-2257

詳しくは農林水産省ホームページを
ご参照ください。

3訂　農業法人の設立

令和5年3月　3訂　発行

定価　2,200円（本体2,000円）
送料実費

発行　全国農業委員会ネットワーク機構
一般社団法人　全国農業会議所

〒102—0084　東京都千代田区二番町9—8　中央労働基準協会ビル内
電話 03（6910）1131　FAX 03（3261）5134

全国農業図書コード　R04-36

落丁、乱丁はお取り替えいたします